高职高专机电一体化专业规划教材

机器人概论及实训

于　玲　王建明　主　编

张　益　　　　　副主编

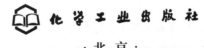

化学工业出版社

·北京·

本教材主要介绍机器人的结构原理和特点、机器人的控制方法以及机器人的应用领域，重点介绍如何控制四自由度组合方式的机械手，具体介绍 PLC、旋转编码器、无接触式接近开关、步进驱动、直流驱动等一系列工业元件在机械手上的使用。本教材融合了机械技术、电工电子技术、传感器技术、接口技术、PLC 控制技术等多种技术，其目的是使学生了解工业机械手的基本结构，掌握工业机器人的基本控制原理和实验技能，培养学生分析问题与解决问题的能力。

　　本教材适合作为高职高专机电一体化专业、电气自动化专业等机电类相关专业的教材，也适合作中职机电类相关专业的教材。

图书在版编目（CIP）数据

机器人概论及实训/于玲，王建明主编. —北京：化学
工业出版社，2013.8（2018.7 重印）
高职高专机电一体化专业规划教材
ISBN 978-7-122-17718-6

Ⅰ.①机…　Ⅱ.①于…②王…　Ⅲ.①机器人-中等专业
学校-教材　Ⅳ.①TP242

中国版本图书馆 CIP 数据核字（2013）第 137625 号

责任编辑：刘　哲　　　　　　　　　　　　　装帧设计：王晓宇
责任校对：陶燕华

出版发行：化学工业出版社（北京市东城区青年湖南街 13 号　邮政编码 100011）
印　　装：大厂聚鑫印刷有限责任公司
787mm×1092mm　1/16　印张 7½　字数 157 千字　2018 年 7 月北京第 1 版第 3 次印刷

购书咨询：010-64518888（传真：010-64519686）　售后服务：010-64518899
网　　址：http://www.cip.com.cn
凡购买本书，如有缺损质量问题，本社销售中心负责调换。

定　　价：19.00 元

前 言
FOREWORD

随着科学技术的不断发展、新技术的不断采用、生产的专业化，工业机器人及机械手技术在工业生产中得到了广泛的应用。本教材主要介绍机器人的发展和应用现状、机器人的结构原理和特点、机器人的控制方法以及机器人的应用领域，重点介绍机器人中的重要部分机械手的实际应用及如何操作，介绍如何控制四自由度组合方式的机械手，具体 PLC 如何控制运行，旋转编码器、无接触式接近开关、步进驱动、直流驱动等一系列新工业元件在机械手上的使用，充分介绍了机器人技术使用到的机械技术、电工电子技术、传感器技术、接口技术、PLC 控制技术等多种技术，其目的是使学生了解工业机器人的基本结构，掌握工业机器人的机械手的基本控制原理和实验技能，培养学生分析问题与解决问题的能力，培养学生一定的动手能力，为进一步学习专业课以及毕业后从事专业工作打下必要的基础。

本教材共分为两篇。第 1 篇主要介绍机器人的发展和应用现状、机器人的结构原理和特点、机器人的控制方法以及机器人的应用领域，介绍两种机械手及其控制——气动机械手控制和行走机械手控制。第 2 篇主要阐述工业机械手实训装置的基本结构、元器件使用、工作原理和工作过程。该教材力求采用开放式教学方法，使学生在学习理论的同时，增加工业现场使用技能，重点介绍实际操作，分为 6 个项目进行，分别是直流电机控制正反转、气动手爪来回旋转、步进电机控制应用、旋转编码器角度控制应用、机械手上电回零操作和机械手抓/放料控制操作。

全书由于玲、王建明主编，张益担任副主编，李娜、谢飞、沈洁、牛春会、杜向军参加编写。具体编写分工：第 1、2 章由王建明编写，第 3 章由李娜、谢飞、沈洁编写，第 4 章由张益编写，第 5 章 5.1 由牛春会、杜向军编写，第 5 章 5.2 和第 6 章由于玲编写。全书由于玲统稿。

由于编者水平有限，不足之处在所难免，恳请读者批评指正。

作者
2013 年 5 月

前 言
FOREWORD

目 录
CONTENTS

第1篇

理 论 篇

理 论 篇

第1章 机器人概论

工业机器人的发展离不开工业自动化的需要和发展。工业机器人作业与周围环境有很强的交互作用。

本章将介绍机器人的定义和机器人与环境的关系，重点介绍机器人的组成和主要参数，以及机器人的应用和发展趋势。

1.1 工业机器人的定义及工作环境

1.1.1 工业机器人的定义及特点

机器人是一个在三维空间中具有较多自由度的，并能实现诸多拟人动作和功能的机器；而工业机器人（Industrial Robot）则是在工业生产中应用的机器人。图1-1表示一个搬运工业机器人正在进行搬运作业，它从许多零件中取出零件A，把它搬到B处。美国机器人工业协会（U. S. RIA）提出的工业机器人定义为："工业机器人是用来进行搬运材料、零件、工具等可再编程的多功能机械手，或通过不同程序的调用来完成各种工作任务的特种装置。"国际标准化组织（ISO）曾于1987年对工业机器人给出了定义："工业机器人是一种具有自动控制的操作和移动功能，能够完成各种作业的可编程操作机。"ISO 8373对工业机器人给出了更具体的解释："机器人具备自动控制及可再编程、多用途功能，机器人操作机具有三个或三个以上的可编程轴，在工业自动化应用中，机器人的底座可固定也可移动。"

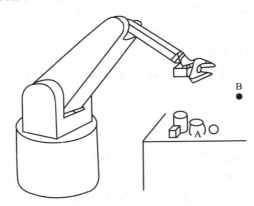

图1-1　工业机器人抓零件A至B处

尽管复杂一些的数控机床也能把装载有工件的托盘移动到机床床身上，从而实现工件的搬运和定位，但是工业机器人通常在抓握、操纵、定位对象物时比传统的数控机床更灵巧，在诸多工业生产领域里具有更广泛的用途。

工业机器人最显著的特点如下。

（1）可编程

生产自动化的进一步发展是柔性启动化。工业机器人可随其工作环境变化的需要而再编程，因此它在小批量、多品种、具有均衡高效率的柔性制造过程中能发挥很好的功用，是柔性制造系统（FMS）中的一个重要组成部分。

（2）拟人化

工业机器人在机械结构上有类似人的行走、腰转、大臂、小臂、手腕、手爪等部分，在控制上有电脑。此外，智能化工业机器人还有许多类似人类的"生物传感器"，如皮肤型接触传感器、力传感器、负载传感器、视觉传感器、声觉传感器、语言功能等。传感器提高了工业机器人对周围环境的自适应能力。

（3）通用性

除了专门设计的专用的工业机器人外，一般工业机器人在执行不同的作业任务时具有较好的通用性。比如，通过更换工业机器人手部末端操作器（手爪、工具等），便可执行不同的作业任务。

（4）机电一体化

工业机器人技术涉及的学科相当广泛，但是归纳起来是机械学和微电子学的结合——机电一体化技术。第三代智能机器人不仅具有获取外部环境信息的各种传感器，而且还具有记忆能力、语言理解能力、图像识别能力、推理判断能力等人工智能，这些都和微电子技术的应用，特别是计算机技术的应用密切相关。因此，机器人技术的发展必将带动其他技术的发展，机器人技术的发展和应用水平也可以验证一个国家科学技术和工业技术的发展和水平。

1.1.2　工业机器人与环境交互

一个工业机器人所具备的功能在本质上是由其机械部分、传感部分、控制部分内部集成（Internal Integration）所决定的。但是，工业机器人的作业能力还决定于与外部环境的联系和配合，即工业机器人与环境的交互能力。工业机器人与外部环境的交互包括硬件环境和软件环境。

① 与硬件环境的交互主要是与外部设备的通信、工作域中障碍和自由空间的描述以及操作对象物的描述。

② 与软件环境的交互主要是与生产单元监控计算机所提供的管理信息系统的通信。

工业机器人不仅要与已知的定义了的外部环境进行交互，而且有可能面临变化的未知的外部环境。在这种情况下，工业机器人仅实现可编程控制是不够的。工业机器人被引导去完成任务时，在任何瞬时都要对实际参数信息与所要求的参数信息进行比较，对外部环境所发生的变化产生新的适应性指令，实现其正确的动作功能，这就是工业机器人的在线自适应能力。工业机器人与环境更高一层的交互是从外部环境中感知、学习、判断和推理，实现环境预测，并根据客观环境规划自己的行动，这就是自律型机器人和智能化机器人。

工业机器人与环境交互是机器人技术的关键。工业机器人在没有人工干预的情况下对外部环境的自我适应、行动的自我规划，将是今后机器人技术及其应用的研究方向。

1.2 工业机器人基本组成及技术参数

1.2.1 工业机器人的基本组成

如图 1-2 所示，工业机器人系统由三大部分六个子系统组成。三大部分是：机械部分、传感部分、控制部分。六个子系统是：驱动系统、机械结构系统、感受系统、机器人-环境交互系统、人-机交互系统、控制系统。下面将分述这六个子系统。

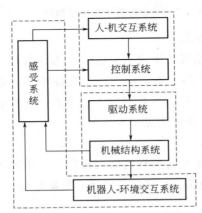

图 1-2 工业机器人的基本组成

（1）驱动系统

要使机器人运行起来，就需给各个关节即每个运动自由度安置传动装置，这就是驱动系统。驱动系统可以是液压传动、气动传动、电动传动，或者把它们结合起来应用的综合系统；可以直接驱动，或者通过同步带、链条、轮系、谐波齿轮等机械传动机构进行间接驱动。

（2）机械结构系统

工业机器人的机械结构系统由机身、手臂、末端操作器三大件组成，如图 1-3 所示。每一大件都有若干个自由度，构成一个多自由度的机械系统。若机身具备行走机构，便构成行走机器人；若机身不具备行走及腰转机构，则构成单机器人臂（Single Robot Arm）。手臂一般由上臂、下臂和手腕组成。末端操作器是直接装在手腕上的一个重要部件，它可以是两手指或多手指的手爪，也可以是喷漆枪、焊具等作业工具。

（3）感受系统

它由内部传感器模块和外部传感器模块组成，获取内部和外部环境状态中有意义的信息。智能传感器的使用提高了机器人的机动性、适应性和智能化的水准。人类的感受系统对感知外部世界信息是极其灵巧的。然而，对于一些特殊的信息，传感器比人类的感受系统更有效。

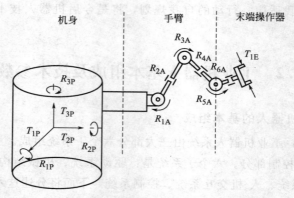

机身　　　　　手臂　　　末端操作器

图 1-3　工业机器人机械结构的三大件

（4）机器人-环境交互系统

工业机器人-环境交互系统是实现工业机器人与外部环境中的设备相互联系和协调的系统。工业机器人与外部设备集成为一个功能单元，如加工制造单元、焊接单元/装配单元等。当然，也可以是多台机器人、多台机床或设备、多个零件存储装置等集成为一个去执行复杂任务的功能单元。

（5）人-机交互系统

人-机交互系统是使操作人员参与机器人控制、与机器人进行联系的装置，例如计算机的标准终端、指令控制台、信息显示板、危险信号报警器等。归纳起来为两大类：指令给定装置和信息显示装置。

（6）控制系统

控制系统的任务是根据机器人的作业指令程序以及从传感器反馈回来的信号，支配机器人的执行机构去完成规定的运动和功能。假如工业机器人不具备信息反馈特征，则为开环控制系统；若具备信息反馈特征，则为闭环控制系统。根据控制原理，可分为程序控制系统、适应性控制系统和人工智能控制系统。根据控制运动的形式，可分为点位控制和轨迹控制。

1.2.2　工业机器人技术参数

技术参数是各工业机器人制造商在产品供货时所提供的技术数据。尽管各厂商所提供的技术参数项目是不完全一样的，工业机器人的结构、用途等有所不同，且用户的要求也不同，但是，工业机器人的主要技术参数一般都应有自由度、重复定位精度、工作范围、最大工作速度、承载能力等。

（1）自由度

自由度是指机器人所具有的独立坐标轴运动的数目，不应包括手爪（末端操作器）的开合自由度。在三维空间中描述一个物体的位置和姿态（简称位姿）需要 6 个自由度。但是，工业机器人的自由度是根据其用途而设计的，可能小于 6 个自由度，也可能大于 6 个自由度。例如，PUMA562 机器人具有 6 个自由度，如图 1-4 所示，可以进行复杂空间曲面的弧焊作业。从运动学的观点看，在完成某一特定作业时具有多余自由度的机器人，就叫做冗余自由度机器人，也可简称为冗余度机器人。例如，

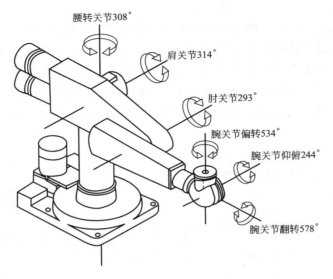

图 1-4 PUMA562 机器人

PUMA562 机器人去执行印刷电路板上接插电子器件的作业时就成为冗余度机器人。利用冗余的自由度,可以增加机器人的灵活性,躲避障碍物和改善动力性能。人的手臂(大臂、小臂、手腕)共有 7 个自由度,所以工作起来很灵巧,手部可回避障碍物,从不同方向到达同一个目的点。

(2)重复定位精度

工业机器人精度是指定位精度和重复定位精度。定位精度是指机器人手部实际到达位置与目标位置之间的差异。重复定位精度是指机器人重复定位其手部于同一目标位置的能力,可以用标准偏差这个统计量来表示,它衡量一系列误差值的密集度,即重复度,如图 1-5 所示。

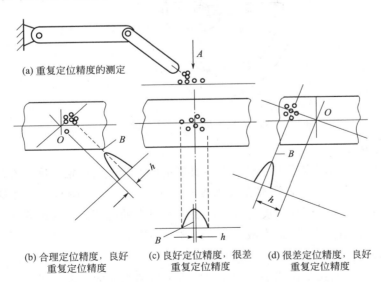

图 1-5 工业机器人精度和重复精度的典型情况

（3）工作范围

工作范围是指机器人手臂末端或手腕中心所能到达的所有点的集合，也叫做工作区域。因为末端操作器的形状和尺寸是多种多样的，为了真实反映机器人的特征参数，所以是指不安装末端操作器时的工作区域。工作范围的形状和大小是十分重要的，机器人在执行某作业时可能会因为存在手部不能到达的作业死区（deadzone）而不能完成任务。图 1-6 和图 1-7 所示分别为 PUMA 机器人和 A4020 机器人的工作范围。

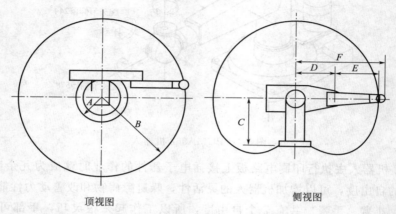

顶视图　　　　　　　　　　　　侧视图

图 1-6　PUMA 机器人工作范围

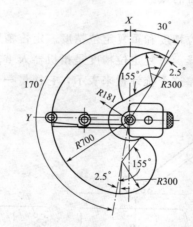

图 1-7　A4020 装配机器人工作范围

（4）最大工作速度

最大工作速度，有的厂家指工业机器人主要自由度上最大的稳定速度，有的厂家指手臂末端最大的合成速度，通常都在技术参数中加以说明。很明显，工作速度越高，工作效率越高。但是，工作速度越高，就要花费更多的时间去升速或降速，或者对工业机器人的最大加速度率或最大减速度率的要求更高。

（5）承载能力

承载能力是指机器人在工作范围内的任何位置上所能承受的最大质量。承载能力不仅决定于负载的质量，而且还与机器人运行的速度和加速度的大小和方向有关。为了安全起见，承载能力这一技术指标是指高速运行时的承载能力。通常，承载能力不仅指负载，而且还包括机器人末端操作器的质量。

1.3 工业机器人的分类及应用

1.3.1 工业机器人的分类

一般根据构成工业机器人的三大部分即机械部分、传感部分和控制部分来分类。

（1）机械部分

① 基本结构。分为直角坐标式机器人［图 1-8（a）］、圆柱坐标式机器人［图 1-8（b）］、球坐标式机器人［图 1-8（c）］和关节坐标式机器人［图 1-8（d）］。此外，还有柔软臂式机器人、冗余自由度式机器人和模块式机器人等。

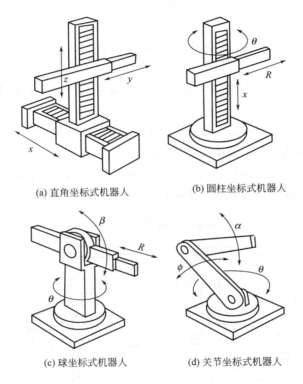

(a) 直角坐标式机器人　　　　(b) 圆柱坐标式机器人

(c) 球坐标式机器人　　　　(d) 关节坐标式机器人

图 1-8　4 种坐标形式的工业机器人

② 驱动源。分为气动、液压驱动源和电动驱动源。

（2）传感部分

一般分为视觉传感器、触觉传感器和接近觉传感器。

（3）控制部分

分为人工操纵机器人、固定程序机器人、可变程序机器人、重演示示教机器人、计算机数控机器人和智能机器人。

根据机器人三部分的具体选择，可给出某个工业机器人的全称，如计算机控制具

9

第1章

机器人概论

有视觉功能全电动关节型机器人。但是，一般很少使用全称，通常就以机械部分的基本结构来命名，上例应简称为关节型机器人，也可直接使用厂家给出的机器人名称，如 PUMA500 机器人。

（1）按工业机器人的结构分类

① 五种基本坐标式机器人。机器人的机械结构部分可看成是由一些连杆通过关节组装起来的。通常有两种关节，即转动关节和移动关节。连杆和关节按不同坐标形式组装，机器人可分为 5 种：直角坐标式、圆柱坐标式、球坐标式、关节坐标式及平面关节坐标式。其坐标轴是指机械臂的三个自由度轴，并未包括手腕上的自由度。图 1-8 所示为其中 4 种坐标形式的机器人。

a. 直角坐标式机器人具有三个移动关节，能使手臂末端沿直角坐标系的 x、y、z 三个坐标轴做直线移动。

b. 圆柱坐标式机器人具有一个转动关节和两个移动关节，构成圆柱形状的工作范围。

c. 球坐标式机器人具有两个转动关节和一个移动关节，构成球缺形状的工作范围。

d. 关节坐标式机器人具有三个转动关节，其中两个关节轴线是平行的，构成较为复杂形状的工作范围。

e. 平面关节式机器人可以看成是关节坐标式机器人的特例，它只有平行的肩关节和肘关节，关节轴线共面，如图 1-9 所示。它是一种装配机器人，也叫做 SCARA（Selective Compliance Assembly Robot Arm），在垂直平面内具有很好的刚度，在水平面内具有较好的柔顺性，故在装配作业中能获得良好的应用，常常将它专门列出一类。

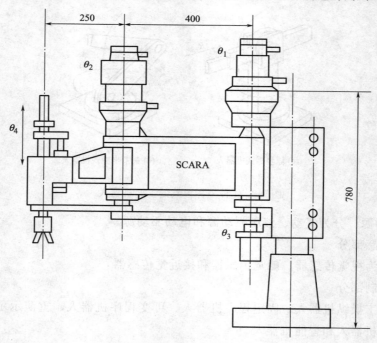

图 1-9 平面关节式机器人

② 两种冗余自由度结构机器人。

a. 体控制的柔软臂式机器人，也叫象鼻子机器人，如图 1-10 所示。柔软臂是用于驱动源整体控制的，控制凸面圆盘的相对滚动，手臂能产生向任何方向柔软的弯曲。由于凸面圆盘相对滚动的自由度很大，所以把这种柔软臂式机器人归在冗余自由度结构机器人中。哈尔滨工业大学机器人研究室设计了一种具有柔软手腕的喷漆机器人，用于向任意空间曲面进行喷漆作业。

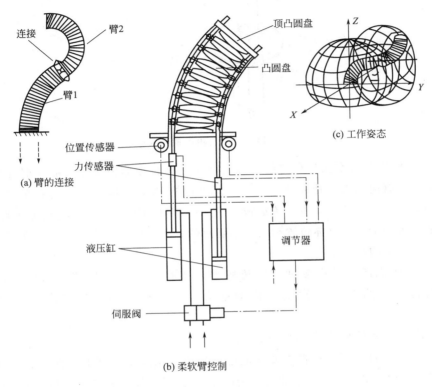

图 1-10　柔软臂式机器人

b. 关节独立控制的冗余自由度机器人，如图 1-11 所示。其直角坐标式机器人安放在一个可转动的平台上，增加了一个转动自由度，成为冗余自由度机器人。这种机器人很适合于机床上下料等应用场合。

③ 模块化结构机器人。工业机器人模块化的主要含义是机器人由一些可供选择的标准化模块拼装而成。标准化模块是具有标准化接口的机械结构模块、驱动模块、控制模块、传感器模块，并已经系列化。

④ 并联机器人。从机构学角度可将机器人机构分为开环机构和闭环机构两大类：以开环机构为机器人机构原型的叫串联机器人；以闭环机构为机器人机构原型的叫并联机器人。

（2）按机器人研究、开发和实用化的进程分类

① 第一代机器人具有示教再现功能，或具有可编程的 NC 装置，但对外部信息不具备反馈能力。

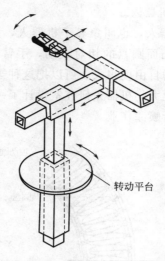

转动平台

图 1-11　冗余自由度机器人

② 第二代机器人不仅具有内部传感器，而且具有外部传感器，能获取外部环境信息。虽然没有应用人工智能技术，但是能进行机器人-环境交互，具有在线自适应能力。例如，机器人从运动着的传送带上送来的零件中抓取零件并送到加工设备上，因为送来的每一个零件具体位置和姿态是随意的、不同的，要完成上述作业必须获取被抓取零件状态的在线信息。

③ 第三代机器人具有多种智能传感器，能感知和领会外部环境信息，包括具有理解像人下达的语言指令这样的能力，能进行学习，具有决策上的自治能力。

（3）按工业机器人常用控制方式分类

① 点位式。许多工业机器人要求能准确地控制末端执行器的工作位置，而路径却无关紧要。例如，在印刷电路板上安插元件、点焊、装配等工作，都属于点位式控制方式。一般来说，点位式控制比较简单，但精度不是很理想。

② 轨迹式。在弧焊、喷漆、切割等工作中，要求工业机器人末端执行器按照示教的轨迹和速度进行运动。如果偏离预定的轨迹和速度，就会使产品报废。轨迹式控制方式类似于控制原理中的跟踪系统，可称之为轨迹伺服控制。

③ 力（力矩）控制方式。在完成装配、抓放物体等工作时，除要准确定位之外，还要求使用适度的力或力矩进行工作，这时就要利用力（力矩）伺服方式。这种方式的控制原理与位置伺服控制原理基本相同，只不过输入量和反馈量不是位置信号，而是力（力矩）信号，因此系统中必须有力（力矩）传感器。有时也利用接近、滑动等传感功能进行自适应式控制。

④ 智能控制方式。工业机器人的智能控制是通过传感器获得周围环境的知识，并根据自身内部的知识库做出相应的决策。采用智能控制技术，使工业机器人具有了较强的环境适应性及自学习能力。智能控制技术的发展有赖于近年来人工神经网络、基因算法、遗传算法、专家系统等人工智能的迅速发展。

1.3.2 工业机器人的应用领域及优点

（1）工业机器人的应用领域

工业机器人的应用领域很宽。比如：工业机器人在农业上的应用，用机器人进行水果和棉花的收摘、农产品和肥料的搬运储藏、施肥和农药喷洒等，已经把农业看成是一种特种工业（Agriculture Industry）；工业机器人在医疗领域上也有很多应用。

目前，工业机器人的应用领域主要在以下三个方面：恶劣工作环境，危险工作场合；特殊作业场合，这个领域对人来说是力所不能及的，只有机器人才能去进行作业的情况；自动化生产领域。

① 焊接机器人。汽车制造厂已广泛应用焊接机器人进行承重大梁和车身结构的焊接。弧焊机器人需要 6 个自由度，3 个自由度用来控制焊具跟随焊缝的空间轨迹，另 3 个自由度保持焊具与工件表面有正确的姿态关系，这样才能保证良好的焊缝质量。点焊机器人能保证复杂空间结构件上焊接点位置和数量的正确性，而人工作业往往在诸多的焊点中会遗漏。

② 材料搬运机器人。材料搬运机器人可用来上下料、码垛、卸货以及抓取零件重新定向。

③ 检测机器人。零件制造过程中的检测以及成品检测都是保证产品质量的关键问题。它主要有两个工作内容：确认零件尺寸是否在允许的公差内；零件质量控制上的分类。

④ 装配机器人。装配是一个比较复杂的作业过程，不仅要检测装配作业过程中的误差，而且要试图纠正这种误差。因此，装配机器人应用了许多传感器，如接触传感器、视觉传感器、接近觉传感器、听觉传感器等。听觉传感器用来判断压入件或滑入件是否到位。

⑤ 喷漆和喷涂。一般在三维表面作业至少要 5 个自由度。由于可燃环境的存在，驱动装置必须防燃防爆。在大件上作业时，往往把机器人装在一个导轨上，以便行走。

⑥ 其他诸如密封和粘接、清砂和抛光、熔模铸造和压铸、锻造等也有广泛的应用。

（2）工业机器人的优点

综上所述，工业机器人的应用给人类带来了许多好处，如：①减少劳动力费用；②提高生产率；③改进产品质量；④增加制造过程的柔性；⑤减少材料浪费；⑥控制和加快库存的周转；⑦降低生产成本；⑧消除了危险和恶劣的劳动岗位。

我国工业机器人的应用前景是十分宽广的。

① 发展经济型机器人。企业可望尽早取得投资效益。

② 发展特种机器人。在一些人力无法工作的领域里用机器人去干，市场潜力大。

③ 走企业技术改造道路。用机器人技术和其他高新技术去改造旧企业，促进机器人技术自身的发展和应用。

1.4 工业机器人的未来

1.4.1 工业机器人正处在发展阶段

从自动机到工业机器人是一个飞跃，从一般工业机器人到积极探索和开发具有智能和功能强大的工业机器人将又是一个飞跃。目前，工业机器人的开发正处在一个蓬勃发展的阶段，在工业发达国家，工业机器人的开发与制造正在形成一个庞大的产业，全世界每年的工业机器人销售额可达 42 亿美元。尽管如此，工业机器人产业仍在不断拓展，不断向新的领域进军。

机器人首先是被工厂所使用的。机器人在工厂出现后，许多脏活、累活都由机器人来干，受到了工人们的欢迎。工人们并不害怕机器人抢了自己的饭碗，如果机器人取代了他们现在的工作，他们可以从事对体力要求较低的工作，经过培训可以从事技术含量高的新职业或新工作。

工业机器人的优势是显而易见的，它比人更精确，而且能不知疲倦地工作，可以说，几乎每个有重复劳动的工厂都可以使用机器人。正在建造的所谓"无人工厂"，所有的工作由先进的自动化设备和大量不知疲倦的工业机器人来承担，由计算机来控制。随着科学技术的不断发展，工业机器人已成为柔性制造系统（FMS）、自动化工厂（FA）、计算机集成制造系统（CIMS）的自动化工具。

我国工业机器人技术的研究起步于 20 世纪 70 年代，90 年代进入实用化阶段。90 年代中期，国家已选择以焊接机器人的工程应用为重点进行开发研究，从而迅速掌握了焊接机器人应用工程的成套开发技术、关键设备制造、工程配套、现场运行等技术。目前，已有 5000 台左右的焊接机器人分布于我国大陆地区各大、中等城市的汽车、摩托车、工程机械等制造业，其中 55% 左右为弧焊机器人，45% 左右为点焊机器人，已建成的机器人焊接柔性生产线 15 条，机器人焊接工作站 3000 个。

1.4.2 从"机器奴隶"到"工作伙伴"

人们对工业机器人的认识已经从"机器奴隶"转变为"工作伙伴"。随着机器人智能化的不断发展，工业界出现了非常先进的工业机器人，表现出非凡的工作品质，不但成为具有独立个性的机敏的"操作员"和"工人"，而且正在变成人类聪明的"工作伙伴"。

在先进的由计算机集成控制的制造工厂里，物料的搬运已经由无人运输小车来完成，这种无人运输小车通常叫做自动导向运输车（AGV）。比如在汽车制造工厂里，自动导向运输车静静地沿着水泥地面下的电磁导引线，将发动机从一个区域运到另一个区域。但是这种自动导向运输车的机动性是有限的。因为它具有精确的定位系统，已经能够实现在高难度环境下寻找合适的路径进行停泊和作业，所以在机器人市场上将有良好的应用前景。

1.4.3 工业机器人的智能化

工业机器人的智能化是指机器人具有感觉、知觉等，即有很强的检测功能和判断功能。为此，必须开发类似人类感觉器官的传感器，如触觉传感器、视觉传感器、测距传感器等，并发展多传感器信息融合技术，通过各种传感器得到关于工作对象和外部环境的信息，以及信息库中存储的数据、经验、规划的资料，以完成模式识别，用专家系统等智能系统进行问题的求解和动作的规划。对"聪明"的工业机器人，首先是提高产品的质量（这也是最重要的），其次是大大降低成本。比如，具有视觉系统的喷漆机器人在对车身进行自动喷漆作业中，可以识别汽车车身的尺寸和位置，良好的眼手协调，使机器人可灵活自主地适应对象物的变化，大大提高了生产的经济效益。

1.4.4　工业机器的协作控制

机器人是与人共同工作的，人与机器人之间的通信系统也需要更加高效和直观。当人们在一起工作时，常常相互展示一些事物是如何工作的，而不是去做什么解释。这一战略已经被人-机交互系统所采用。例如，操作员只要引导机器人的手臂沿工作路线运行一下，然后按下按钮，将操作过程储存下来，以后机器人就可以根据需要重复这一过程。这一通信方式是完全直观的，免除了许多复杂的编程过程。这在日益复杂的制造过程中，保持人-机之间的和谐交互是非常重要的。开发直观的、新的和多种通信方式是十分重要的，如人类交换信息可以用语言、演示、触摸、手势或面部表情，设想为工业机器人装备语音识别系统，使其能够听懂语言指令，并能做出反应。

工业机器人作为高度柔性、高效率和能重组的装配、制造和加工系统中的生产设备，它总是作为系统中的一员而存在，因此，要从组成敏捷制造生产系统的观点出发，不仅有机器人与人的集成、多机器人的集成，还有机器人与生产线、周边设备以及生产管理系统的集成和协调，因此，研究工业机器人的协作控制还有大量的理论与实践工作。

1.4.5　标准化与模块化

工业机器人功能部件的标准化与模块化是提高机器人的运动精度、运动速度、降低成本和提高可靠性的重要途径。模块化指机械模块、信息检测模块、控制模块等。近年来，世界各国注重发展组合式工业机器人。它是采用标准化的模块件或组合件拼装而成的。目前，国外已经研制和生产了各种不同的标准模块和组件，国内有关模块化工业机器人的开发工作也已有了成效。

1.4.6　工业机器人机构的新构型

随着工业机器人作业精度的提高和作业环境的复杂化，急需开发新型的微动机构来保证机器人的动作精度，如开发多关节、多自由度的手臂和手指及新型的行走机构等，以适应日益复杂的作业需求。

练习与思考

1. 简述工业机器人的定义。机器人的主要特点是什么？
2. 工业机器人与数控机床有什么区别？

3. 工业机器人与外界环境有什么关系？

4. 说明工业机器人的基本组成及三大部分之间的关系。

5. 简述下面几个术语的含义：自由度，重复定位精度，工作范围，工作速度，承载能力。

6. 什么叫冗余自由度机器人？

7. 工业机器人怎样按机械系统的基本结构来分类？

8. 工业机器人怎样按控制方式来分类？

9. 什么是 SCARA 机器人？应用上有何特点？

10. 总结机器人的应用情况。

11. 并联机器人的结构特点是什么？它适用于哪些场合？

12. 为什么说工业机器人是人类的"工作伙伴"？

第2章　工业机器人的控制

本章介绍工业机器人控制系统的特点和分类方法，以及工业机器人计算机控制系统实例。

2.1　工业机器人控制系统的特点和基本要求

工业机器人的控制技术是在传统机械系统的控制技术的基础上发展起来的，因此两者之间并无根本的不同，但工业机器人控制系统也有许多特殊之处。其特点如下。

① 工业机器人有若干个关节。典型工业机器人有 5 或 6 个关节，每个关节由一个伺服系统控制，多个关节的运动要求各个伺服系统协同工作。

② 工业机器人的工作任务是要求操作机的手部进行空间点位运动或连续轨迹运动。对工业机器人的运动控制，需要进行复杂的坐标变换运算，以及矩阵函数的逆运算。

③ 工业机器人的数学模型是一个多变量、非线性和变参数的复杂模型，各变量之间还存在着耦合，因此工业机器人的控制中经常使用前馈、补偿、解耦和自适应等复杂控制技术。

④ 较高级的工业机器人要求对环境条件、控制指令进行测定和分析，采用计算机建立庞大的信息库，用人工智能的方法进行控制、决策、管理和操作，按照给定的要求，自动选择最佳控制规律。

对工业机器人控制系统的基本要求如下。

① 实现对工业机器人的位姿、速度、加速度等的控制功能。对于连续轨迹运动的工业机器人，还必须具有轨迹的规划与控制功能。

② 方便的人-机交互功能。操作人员采用直接指令代码对工业机器人进行作业指示，使工业机器人具有作业知识的记忆、修正和工作程序的跳转功能。

③ 具有对外部环境（包括作业条件）的检测和感觉功能。为使工业机器人具有对外部状态变化的适应能力，工业机器人应能对诸如视觉、力觉、触觉等有关信息进行检测、识别、判断、理解等功能。在自动生产线中，工业机器人应有与其他设备交换信息、协调工作的能力。

④ 具有诊断、故障监视等功能。

2.2　工业机器人控制系统的分类

工业机器人控制系统可以从不同角度进行分类，如按控制运动的方式不同，可分为关节运动控制、笛卡儿空间运动控制和自适应控制；按轨迹控制方式的不同，可分为点位控制和连续轨迹控制；按速度控制方式的不同，可分为速度控制、加速度控制、力控制。

这里主要介绍按发展阶段的分类方法。

（1）程序控制系统

目前工业用的绝大多数第一代机器人属于程序控制机器人，其程序控制系统的结构简图如图 2-1 所示，包括程序装置、信息处理器和放大执行装置。信息处理器对来自程序装置的信息进行变换，放大执行装置则对工业机器人的传动装置进行作用。

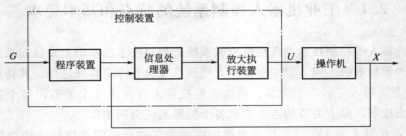

图 2-1　程序控制系统

输出量 X 为一向量，表示操作机运动的状态，一般为操作机各关节的转角或位移。控制作用 U 由控制装置加于操作机的输入端，也是一个向量。给定作用 G 是输出量 X 的目标值，即 X 要求变化的规律，通常是以程序形式给出的时间函数。G 的给定可以通过计算工业机器人的运动轨迹来编制程序，也可以通过示教法来编制程序。这就是程序控制系统的主要特点，即系统的控制程序是在工业机器人进行作业之前确定的，或者说工业机器人是按预定的程序工作的。

（2）适应性控制系统

适应性控制系统多用于第二代工业机器人，即具有知觉的工业机器人，它具有力觉、触觉或视觉等功能。在这类控制系统中，一般不事先给定运动轨迹，由系统根据外界环境的瞬时状态实现控制，而外界环境状态用相应的传感器来检测。系统框图如图 2-2 所示。

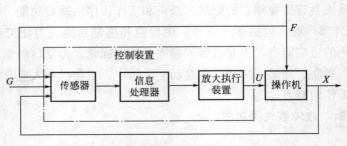

图 2-2　适应性控制系统

图中，F 是外部作用向量，代表外部环境的变化；给定作用 G 是工业机器人的目标值，它并不简单地由程序给出，而是存在于环境之中。控制系统根据操作机与目标之间的坐标差值进行控制。显然这类系统要比程序控制系统复杂得多。

（3）智能控制系统

智能控制系统是最高级、最完善的控制系统，在外界环境变化不定的条件下，为了保证控制系统所要求的品质，控制系统的结构和参数能自动改变，其框图如图 2-3 所示。

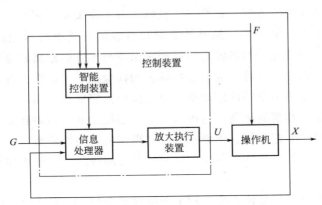

图 2-3　智能控制系统

智能控制系统具有检测所需新信息的能力，并能通过学习和积累经验不断完善计划，该系统在某种程度上模拟了人的智力活动过程。具有智能控制系统的工业机器人为第三代工业机器人，即自治式工业机器人。

（4）工业机器人的控制系统

目前大部分工业机器人都采用二级计算机控制，第一级为主控制级，第二级为伺服控制级，系统框图如图 2-4 所示。

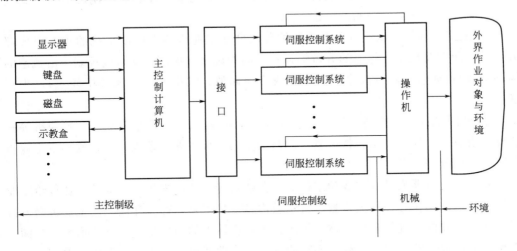

图 2-4　二级计算机控制系统

主控制级由主控制计算机及示教盒等外围设备组成，主要用以接收作业指令，协调关节运动，控制运动轨迹，完成作业操作。伺服控制级为一组伺服控制系统，其主体为计算机，每一伺服控制系统对应一定关节，用于接收主控制计算级向各关节发出的位置、速度等运动指令信号，以实时控制操作机各关节的运行。

系统的工作过程

操作人员利用控制键盘或示教盒输入作业要求，如要求工业机器人手部在两点之间做连续轨迹运动。主控制计算机完成以下工作：分析解释指令，坐标变换，插补计算，矫正计算，最后求取相应的各关节协调运动参数。坐标变换即用坐标变换原理，根据运动学方程和动力学方程，计算工业机器人与工件关系、相对位置和绝对位置关系，是实现控制所不可缺少的。插补计算是用直线的方式解决示教点之间的过渡问题。矫正计算是为保证在手腕各轴运动过程中保持与工件的距离和姿态不变，对手腕各轴的运动误差补偿量的计算。运动参数输出到伺服控制级，作为各关节伺服控制系统的给定信号，实现各关节的确定运动。控制操作机完成两点间的连续轨迹运动，操作人员可直接监视操作机的运动，也可以从显示器控制屏上得到有关的信息，这一过程反映了操作人员、主控制级、伺服控制级和操作机之间的关系。

下面进一步讨论控制系统中主控制级和伺服控制级的结构组成和功能。

（1）主控制级

主控制级的主要功能是建立操作和工业机器人之间的信息通道，传递作业指令和参数，反馈工作状态，完成作业所需的各种计算，建立与伺服控制级之间的接口。总之，主控制级是工业机器人的"大脑"。它由以下几个主要部分组成。

① 主控制计算机。主要完成从作业任务、运动指令到关节运动要求之间的全部运算，完成机器人所有设备之间的运动协调。对主控制计算机硬件方面的主要要求是运算速度和精度、存储容量及中断处理能力。大多数工业机器人采用 16 位以上的 CPU，并配以相应的协调处理器以提高运算速度和精度。内存则根据需要配置 16KB～1MB。为提高中断处理能力，一般采用可编程中断控制器，使用中断方式实时进行工业机器人运行控制的监控。

② 主控制软件。工业机器人控制编程软件是工业机器人控制系统的重要组成部分，其功能主要包括：指令的分析解释；运动的规划（根据运动轨迹规划出沿轨迹的运动参数）；插值计算（按直线、圆弧或多项插值，求得适当密度的中间点）；坐标变换。

③ 外围设备。主控制级除具有显示器、控制键盘、软/硬盘驱动器、打印机等一般外围设备外，还具有示教控制盒。示教盒是第一代工业机器人——示教再现工业机器人的重要外围设备。

要使工业机器人具有完成预定作业任务的功能，须预先将要完成的作业教给工业机器人，这一操作过程称为示教。将示教内容记忆下来，称为存储。使工业机器人按照存储的示教内容进行动作，称为再现。工业机器人的动作就是通过"示教—存储—再现"的过程来实现的。示教主要有两种方式，即间接示教方式和直接示教方式。

间接示教方式是一种人工数据输入编程方法。将数值、图形等与作业有关的指令信息采用离线编程方法，利用工业机器人编程语言离线编制控制程序，经键盘、图像读取装置等输入设备输入计算机。离线编程方法具有不占用工业机器人工作时间，可利用标准的子程序和 CAD 数据库的资料加快编程速度，能预先进行程序优化和仿真检验等优点。

直接示教方式是一种在线示教编程方式。它又可分为两种形式，一种是手把手示教编程方法，另一种是示教盒示教编程方法。

手把手示教就是由操作人员直接手把着工业机器人的示教手柄，使工业机器人的手部完成预定作业要求的全部运动（路径和姿态），如图 2-5（a）所示，与此同时计算机按一定的采样间隔测出运动过程的全部数据，记入存储器。采样率一般为 3000～5000 点/min，其间隔的大小主要取决于所要求的运动轨迹的准确度、平滑性和计算机的存储容量。采集的数据经过必要的修正，便完成了连续轨迹运动的控制程序。再现过程中，控制系统以相同的时间间隔顺序地取出程序中各点的数据，使操作机重复示教时所完成的作业。点位运动方式的示教编程方法与上述方法基本相同，操作人员用示教手把引导工业机器人手部按顺序到达各预定点，在各预定点按下编程按钮，测出该点的全部有关数据并记入存储器，再做必要的编辑，即完成点位运动的控制程序。这种编程方法操作简便，能在较短时间内完成复杂的轨迹编程，但编程点的位置准确度较差。对于环境恶劣的操作现场，可采用机械模拟装置进行示教。

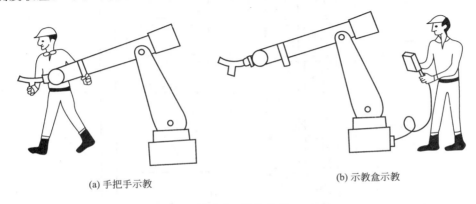

(a) 手把手示教   (b) 示教盒示教

图 2-5　示教方式

示教盒示教编程方法是利用示教盒进行编程的，如图 2-5（b）所示。示教盒是一种以微处理器为基础的编程装置。它包括一组控制操作机运动的按钮，一组实现编程和修改的按钮，以及运行、测试按键等。示教盒的结构形式很多，典型的手提式示教盒如图 2-6 所示。操作人员操纵示教盒上的不同按钮，即可控制工业机器人各关节的单轴运动或多关节协调运动，以形成空间直线或曲线运动，到达规定位置，完成示教编程操作。与手把手示教方法相比，此方法示教过程安全，但编程精度不高。

（2）伺服控制级

如前所述，伺服控制级由一组伺服控制系统组成，每一个伺服控制系统分别驱动操作机的一个关节。关节运动参数来自主控制级的输出。具有位置和速度反馈的典型工业机器人伺服控制系统如图 2-7 所示。主要组成部分如下。

① 伺服驱动器。通常由伺服电动机、位置传感器、速度传感器和制动器组成。伺服电动机的输出轴直接与操作机关节轴相连接，以完成关节运动的控制和关节位置、速度的检测。失电时，制动器能自动制动，保持关节原位静止不动。制动器由电磁铁、摩擦盘等组成。工作时，电磁铁线圈通电、摩擦盘脱开，关节轴可以自由转

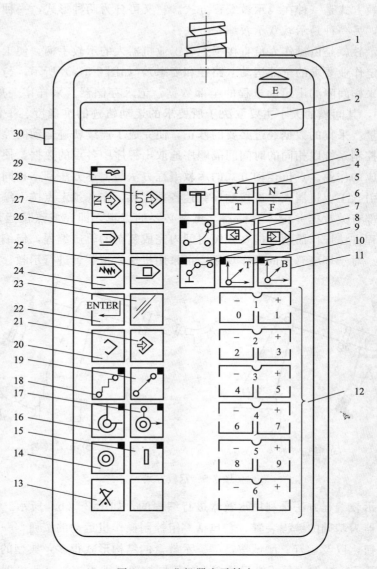

图 2-6 工业机器人示教盒

1—紧急停止；2—字符数字显示；3—工具键；4—是/真键；5—否/假键；6—连续键；7—向后键；

8—向前键；9—关节运动键；10—机械接口坐标运动键；11—基座坐标运动键；

12—向前/向后渐进键和数字键；13—报警清除键；14—循环停止键；15—循环再启动键；

16—精确位置键；17—路径点键；18—关节坐标键；19—笛卡儿坐标键；20—修改键；

21—记录键；22—数字输入键；23—删除键；24—速度键；25—步号键；26—子程序键；

27—I/O 输入键；28—I/O 输出键；29—电源开关键；30—安全开关

动。失电时，摩擦盘在弹簧力的作用下压紧而制动。为使总体结构简化，通常将制动器与伺服机构做成一体。

② 伺服控制器。伺服控制器的基本部件是比较器、误差放大器和运算器。输入信号除参考信号外，还有各种反馈信号。控制器可以采用模拟器件组成，主要用集成运算放大器和阻容网络实现信号的比较、运算和放大等功能，构成模拟伺服系统。控

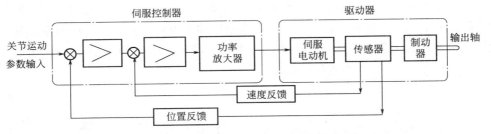

图 2-7 具有位置和速度反馈的伺服控制系统

制器也可以采用数字器件组成，如采用微处理器组成数字伺服系统，其比较、运算和放大等功能由软件完成。这种伺服系统灵活性强，便于实现各种复杂的控制，能获得较高的性能指标。

2.3 工业机器人计算机控制系统实例

目前广为应用的工业机器人中计算机控制系统最充实的是 PUMA 系列工业机器人。PUMA-560 型工业机器人的计算机控制系统如图 2-8 所示。它由主控制计算机、伺服控制系统和外围设备三部分组成。第一级主控制计算机包括 CPU（LSI-11，16 位芯片）、EPROM、RAM 存储器、串并行接口。第二级伺服控制系统包括微处理器（6503，8 位芯片）、D/A 转换器、速度单元和位置编码器。外围设备包括计算机终端、软盘和示教盒等。

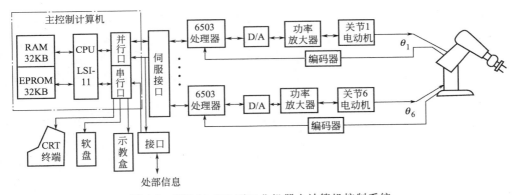

图 2-8 PUMA-560 型工业机器人计算机控制系统

LSI-11 CPU 完成全部管理任务，主要是工业机器人作业轨迹的运算、操作程序的编辑和外围设备的通信和管理。它装备有 VAL 高级工业机器人语言，借此语言可以通过示教盒等来使用示教过的位置数据，如 MOVEPART3，即把手部移动到部件 3 的位置。EPROM 的功能是进行坐标变换、轨迹规划，从 6503 微处理器证实工业机器人操作机中每一运动关节轴完成了其运动要求，在连续轨迹控制方式时，为轨迹曲线插值完成两个预置指令做准备。伺服控制级中有 6 套伺服控制系统，对 6 个关节进行分散独立的控制，其核心 6503 微处理器与本身的 EPROM 和 DAC 一起装在数字伺服板上。它向上与 LSI-11 型计算机通过接口板进行通信，接口板起信号分配作用，将一个轨迹给定点参量作为给定信息，分别传送给6个关节伺服控制器。伺服控制系统结构如图2-9所示，选用直流伺服电动机和光电增量式编码盘作为驱动和检测元件。由速度放大器、晶体管脉冲调宽功率放大器和脉冲/电压变换器构成速度反馈回路，由微处理器6503构成位置反馈。

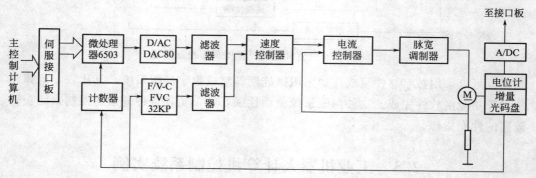

图2-9 PUMA-560型工业机器人伺服控制系统

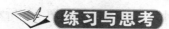

1. 简述工业机器人控制系统的特点。
2. 工业机器人控制系统的分类。

第3章　工业机器人应用举例

本章主要介绍工业机器人的应用准则及应用步骤，以及工业机器人在喷涂、焊接、装配及自动线等不同领域的应用情况。

3.1　概述

目前机器人已广泛地应用于汽车、机械加工、电子及塑料制品等工业领域中，随着科学与技术的发展，机器人的应用领域也不断扩大。现在工业机器人的应用已开始扩大到军事、核能、采矿、冶金、石油、化工、航空、航天、船舶、建筑、纺织、医药、生化、食品、服务、娱乐、农业、林业、畜牧业和养殖业等领域中。

在工业生产中，弧焊机器人、点焊机器人、装配机器人、喷涂机器人及搬运机器人等工业机器人都已被大量采用。由于机器人对生产环境和作业要求具有很强的适应性，用来完成不同生产作业的工业机器人的种类愈来愈多（例如装配机器人、打毛刺机器人、激光切割机器人等），工业将实现高度自动化。机器人将成为人类社会生产活动的"主劳力"，人类将从繁重的、重复单调的、有害健康和危险的生产劳动中解放出来。

机器人将用于提高人民健康水平与生活水准，丰富人民文化生活。21世纪，服务机器人进入了家庭。家庭服务机器人可以从事清洁卫生、园艺、炊事、垃圾处理、家庭护理与服务等作业。在医院，机器人可以从事手术、化验、运输、康复及病人护理等作业。在商业和旅游业中，导购机器人、导游机器人和表演机器人都将得到发展。智能机器人玩具和智能机器人宠物的种类将不断增加。机器人不再是只用于生产作业的工具，大量的服务机器人、表演机器人、科教机器人、机器人玩具和机器人宠物进入了人类社会，使人类生活更加丰富多彩。

21世纪，各种智能机器人得到了广泛应用，具有像人的四肢、灵巧的双手、双目视觉、力觉及触觉感知功能的仿人型智能机器人将被研制成功，并得到应用。

按应用领域，机器人大致可分为工业机器人、军用机器人、水下机器人、空间机器人、服务机器人、农业机器人和仿人机器人7大类。本章主要介绍工业机器人的应用。

3.2　工业机器人

工业机器人是指在工业环境中应用的机器人，是一种能进行自动控制的、可重复编程的、多功能的、多自由度的、多用途的操作机，用来完成各种作业。因此，工业机器人被称为"铁领工人"。目前，工业机器人是技术上最成熟、应用最广泛的机器人。喷涂机器弧焊机器人、点焊机器人和装配机器人是工业中最常用的机器人类型，本节重点介绍这几种机器人及其应用。

3.2.1　工业机器人的应用准则

设计和应用工业机器人时，应全面考虑和均衡机器人的通用性、环境的适应性、耐久性、可靠性和经济性等因素，具体遵循的准则如下。

（1）从恶劣工种开始采用机器人

机器人可以在有毒、风尘、噪声、振动、高温、易燃易爆等危险有害的环境中长期稳定地工作。在技术、经济合理的情况下，采用机器人逐步把人从这些工作岗位上代替下来，将从根本上改善劳动条件。

（2）在生产率和生产质量落后的部门应用机器人

现代化的大生产分工越来越细，操作越来越简单，劳动强度越来越大。机器人可以高效地完成一些简单、重复性的工作，使生产效率获得明显的改善。

工作节奏的加快，使工人的神经过于紧张，很容易疲劳，工人会由此造成失误，很难保证产品质量。而工业机器人完全不存在由于上述原因而引起的故障，可以不知疲倦地重复工作，有利于保证产品质量。

（3）要估计长远需要

一般来讲，人的寿命比机械的寿命长，但是，如果经常对机械进行保养和维修，对易换件进行补充和更换，有可能使机械寿命超过人。另外，工人会由于其自身的意志而放弃某些工作，造成辞职或停工，而工业机器人没有自己的意愿，因此机器人不会在工作中途因故障以外的原因停止工作，能够持续从事人们所交给的工作，直至其机械寿命完结。

与只能完成单一特定作业的固定式自动化设备不同，机器人不受产品性能、所执行类型或具体行业的限制。若产品更新换代频繁，通常只需要重新编制机器人程序，并通过换装不同型式的"手部"的方法完成部分改装。

（4）机器人的投入和使用成本

虽说机器人可以使人类摆脱很脏、很危险或很繁重的劳动，但是机器人的经济性也是一个关键问题。在经济方面所考虑的因素包括劳力、材料、生产率、能源、设备和成本等。

（5）应用机器人时需要人

在应用工业机器人代替工人操作时，要考虑工业机器人的现实能力以及工业机器人技术知识的现状，并对未来给予预测。用现有的机器人原封不动地取代目前正在工作的所有工人，并接替他们的工作，显然是不可能的。

就工人的综合能力而言，机器人与人相比差距很大，例如，人从肩到五指，仅在一个手臂上就有 27 个自由度，而工业机器人的一个手臂，最多也只能有 7 个或 8 个自由度。人具有至少能搬运与自身重量相等的重物的能力和体重结构，而目前的工业机器人只能搬运相当于自身重量 1/20 左右的重物。在智能方面，人通过教育和经验，能获得许多记忆以外的全新事物，人能从保留至今的记忆中，选择与其有关的事物。此外，为处理这些记忆，人本身能编制出相应的程序，同时，还具备将处理结果反馈回来作为信息的经验增加到记忆中的自身增值能力和学习能力。而工业机器人只能在给定的程序和存储的范围内，对外部事物的变化做出相应判断，以目前工业机器人的智能，还无法不断地对预先给定程序以外的事物进行处理。无论从哪一方面进行比较，人和工业机器人之间都存在着很大的差别。

对工人而言，即使在个人之间存在着能力上的差别，但除了那些需要特殊技术或需要通过长期训练才能掌握的操作之外，一般人都能通过短时间的指导和训练很容易地掌握几种不同的作业，而且能在极短的时间内从一种作业变换为另一种作业，一个工人能在比较宽的范围内处理几种不同的工作。而机器人的通用性则较小，让工业机器人去完成这些工作是不可能的。为扩大灵活性，就要求工业机器人能够更换手腕，或增加存储容量和程序种类。

在平均能力方面，与工人相比，工业机器人显得过于逊色；但在承受环境条件的能力和可靠性方面，工业机器人比人优越。因此要把工业机器人安排在生产线中的恰当位置上，使它成为工人的好助手。

3.2.2 应用工业机器人的步骤

在现代工业生产中绝大部分情况都不是将机器人单机使用，而是将其作为工业生产系统的一个组成部分来使用。即使是单机使用，也还是将其视为系统的一个组成部分为宜。机器人应用于生产系统的步骤如下。

① 全面考虑并明确自动化要求，包括提高劳动生产率、增加产量、减轻劳动强度、改善劳动条件、保障经济效益和社会就业等问题。

② 制订机器人化技术。在全面和可靠的调查研究基础上，制订长期的机器人化计划，包括确定自动化目标、培训技术人员、编绘作业类别一览表、编制机器人化顺序表和大致日程表等。

③ 探讨采用机器人的条件。

④ 对辅助作业和机器人性能进行标准化。辅助作业大致分为搬运型和操作型两种。根据不同的作业内容、复杂程度或与外围机械在共同承担某项作业中的相互关系，所用机器人的坐标系统、关节和自由度数、运动速度、动作距离、工作精度和可搬运重量等也不同，必须按照现有的和新研制的机器人规格，进行标准化工作。此外，还要判断各机器人能具有哪些适于特定用途的性能，进行机器人性能及其表示方法的标准化工作。

⑤ 设计机器人化作业系统方案。设计并比较各种理想的、可行的或折中的机器人化作业系统方案，选定最符合使用目的的机器人及其配套来组成机器人化柔性综合作业系统。

⑥ 选择适宜的机器人系统评价指标。建立和选用适宜的机器人化作业系统评价指标与方法，既要考虑到能够适应产品变化和生产计划变更的灵活性，又要兼顾目前和长远的经济效益。

⑦ 详细设计和具体实施。对选定的实施方案进一步进行分步具体设计工作，并提出具体实施细则，交付执行。

3.2.3 喷涂机器人

由于喷涂工序中雾状漆料对人体有危害，喷涂环境中照明、通风等条件很差，而且不易从根本上改进，因此在这个领域中大量地使用了机器人。使用喷涂机器人，不仅可以改善劳动条件，而且还可以提高产品的产量和质量，降低成本。

喷涂机器人已广泛用于汽车车体、家电产品和各种塑料制品的喷涂作业。与其他用途的工业机器人比较，喷涂机器人在使用环境和动作要求上有如下特点：

① 工作环境包含易爆的喷涂剂蒸气；

② 沿轨迹高速运动，途径各点均为作业点；

③ 多数的被喷涂件都搭载在传送带上，边移动边喷涂。

因此对喷涂机器人有如下要求。

① 机器人的运动链要有足够的灵活性，以适应喷枪对工件表面的不同姿态要求。多关节型为最常用，它有 5 个或 6 个自由度。

② 要求速度均匀，特别是在轨迹拐角处误差要小，以避免喷涂层不均。

③ 控制方式通常以手把手示教方式为多见，因此要求在其整个工作空间内示教时省力，要考虑重力平衡问题。

④ 可能需要轨迹跟踪装置。

⑤ 一般均用连续轨迹控制方式。

⑥ 要有防爆要求。

喷涂机器人通常有液压喷涂机器人和电动喷涂机器人两类。采用液压驱动方式，主要是从充满可燃性溶剂蒸气环境的安全方面着想。近年来，由于交流伺服电动机的应用和高速伺服技术的进步，喷涂机器人已采用电驱动。为确保作业安全，无论何种型式的喷涂机器人都要求防爆结构，一般采用"本质安全防爆结构"，即要求机器人在可能发生强烈爆炸的危险中也能安全工作。防爆结构主要有耐压和内压防爆机构。

喷涂机器人的结构一般为 6 轴多关节型，图 3-1 所示为一典型的 6 轴多关节型液压喷涂机器人。它由机器人本体、控制装置和液压系统组成。手部采用柔性用腕结构，可绕臂的中心轴沿任意方向做弯曲，而且在任意弯曲状态下可绕腕中心轴扭转。由于腕部不存在奇异位形，所以能喷涂形态复杂的工件并具有很高的生产率。

机器人的控制柜通常由多个 CPU 组成，分别用于伺服及全系统的管理、实时坐标变换、液压伺服控制系统、操作板控制。示教有两种方式：直接示教和远距离示教。远距离示教具有较强的软件功能，可以在直线移动的同时保持喷枪头姿态不变，改变喷枪的方向而不影响目标点。还有一种所谓的跟踪再现动作，只允许在传送带静止状态时示教，再现时则靠实时坐标变换连续跟踪移动的传送带进行作业。这样即使传送带的速度发生变化，也能保持喷枪与工件的距离和姿态一定，从而保证喷涂质量。

3.2.4 焊接机器人

（1）弧焊机器人

弧焊机器人的应用范围很广，除汽车行业之外，在通用机械、金属结构等许多行

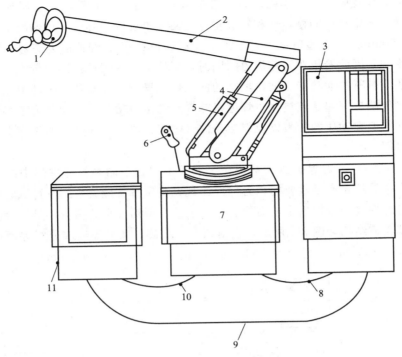

图 3-1　6 轴多关节型液压喷涂机器人系统

1—操作机；2—水平臂；3—控制装置；4—垂直臂；5—液压缸；6—示教手把；

7—底座；8—主电缆；9—电缆；10—软管；11—油泵

业中都有应用。弧焊机器人应是包括各种焊接附属装置在内的焊接系统，而不只是以规划的速度和姿态携带焊枪移动的单机。图 3-2 所示为焊接系统的基本组成。

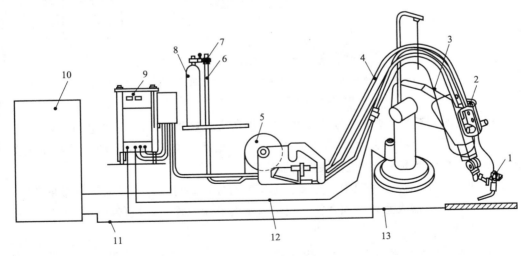

图 3-2　弧焊系统基本组成

1—焊枪；2—送丝电动机；3—弧焊机器人；4—柔性导管；5—焊丝轮；

6—气路；7—气体流量计；8—气瓶；9—焊接电源；10—机器人控制柜；

11—控制/动力电缆；12—焊接电缆；13—工作电缆

在弧焊作业中，要求焊枪跟踪焊件的焊道运动，并不断填充金属形成焊缝。因此，运动过程中速度的稳定性和轨迹精度是两项重要的指标。一般情况下，焊接速度约取 5～50mm/s，轨迹精度约为±(0.2～0.5)mm。由于焊枪的姿态对焊缝质量也有一定的影响，因此希望在跟踪焊道的同时，焊枪姿态的调整范围尽量大。此外，弧焊机器人还应具有抖动功能、坡口填充功能、焊接异常（如断弧、工件熔化等）检测功能、焊接传感器（起始点检测、焊道跟踪等）的接口功能。作业时为了得到优质的焊缝，往往需要在动作的示教以及焊接条件（电流、电压、速度）的设定上花费大量的劳力和时间。

图 3-3 为 TIG 弧焊机器人系统在宇航大型铝合金储箱箱底拼焊中的应用。宇航大型铝合金储箱箱底是重要的承力部件，其焊接质量直接关系到飞行试验的成败，因此设计时对焊缝质量提出了较高的要求。宇航大型铝合金储箱箱底是铝合金椭球形面组件，其典型结构如图 3-4 所示，它由顶盖、瓜瓣、叉形环三部分组焊而成，箱底直径为 2250～3350mm，材料为 2A14 和 5A06，厚度为 1.8～6.0mm。

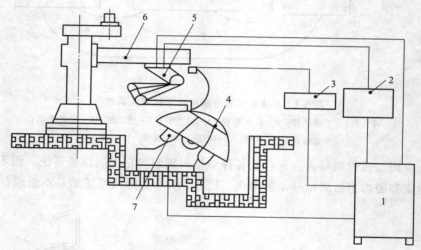

图 3-3　TIG 弧焊机器人系统

1—机器人控制器；2—TIG 焊接电源；3—送丝机；4—焊接夹具；

5—机器人本体；6—支臂；7—变位机

这套机器人系统主要包括机器人本体、机器人控制器、TIG 焊接电源、送丝机、变位机和支臂等。机器人本体抓举力为 160N，驱动为交流伺服驱动，重复精度为±0.1mm，自由度数为 6。机器人控制器实现：

① 机器人实际焊接过程中，电流、电压实时显示并可通过示教盒进行微量调整；

② 为防止机器人意外碰撞受损，机器人上装有快速停止碰撞传感器；

③ 机器人还具有暂时停止、快速停止功能。

焊接变位机系统翻转轴的翻转角度为 0°～90°，旋转轴的旋转角度为±480°，花盘旋转径向圆跳动<0.1mm，转台翻转无抖动、爬行和卡死现象。

TIG 焊接电源主要技术参数为：电源类型为 OTC Invener ACCUTIG500P，AC20～500A；负载持续率为 60%；脉冲频率为 0.5～500Hz；占空比 15%～85%；电流调

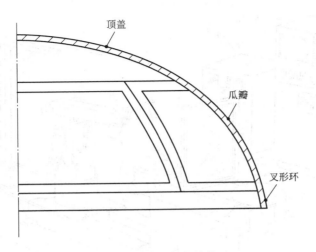

顶盖

瓜瓣

叉形环

图 3-4　储箱箱底结构

节模式为机器人控制、面板调节；AC 波形为标准方波、软方波、正弦波。送丝机构的送丝直径为 1.2～2.0mm，送丝模式为连续、断续，送丝速度为 0.2～3m/min，速度调节模式为机器人设定、面板调节和远程遥控。

此套系统将机器人本体倒置，悬挂于支臂上，支臂可以上下移动、左右回转，以满足不同直径箱底的焊接要求。将变位机及模胎置于地坑内，此附加的两变位机轴可与机器人 6 轴实现联动，以保证纵缝、环缝和法兰盘焊缝的焊接位置始终处于水平状态。

通过箱底试验件的焊接，表明这套机器人系统可以满足纵缝、环缝的基本焊接要求。

图 3-5 所示为一种使用平面关节型工业机器人的电弧焊接和切割的工业机器人系统。该系统由焊接工业机器人操作机及其控制装置、焊接电源、焊接工具及焊接材料供应装置、焊接夹具及其控制装置组成。

弧焊工业机器人操作机外观图及其传动系统图如图 3-6 所示。该工业机器人由机身的回转 θ_1、大臂 10 绕 O_2 点的前后摆动回转 θ_2 和小臂 12 绕 O_3 点的上下俯仰回转 θ_3 构成位置坐标的三个自由度。小臂端部配置有手腕，可实现旋转运动 θ_4 和上下摆动 θ_5，形成手腕姿态的两个自由度。焊接工业机器人的主要规格、性能参数列于表 3-1。

操作机的 5 个关节分别采用 5 个直流电动机伺服系统驱动，其型号、规格和技术性能参数列于表 3-2。传动机构为谐波齿轮减速器、链传动、锥齿轮传动等。其中，驱动电动机 4 和 20 直接带有谐波齿轮减速器。

（2）点焊机器人　点焊机器人被广泛用来焊接薄板材料。最初，点焊机器人只用于增强焊作业，即为已拼接好的工件增加焊点。后来为了保证拼接精度，又让机器人完成定位焊作业，点焊机器人逐渐被要求具有更全的作业性能，具体来说有：

① 高的加速度和减速度；

② 良好的灵活性，至少 5 个自由度；

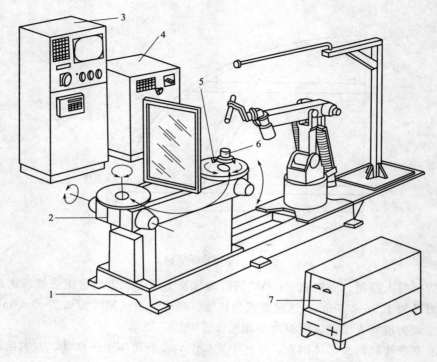

图 3-5　弧焊工业机器人系统

1—总机座；2—6 轴旋转换位器（胎具）；3—机器人本体控制装置；4—旋转胎具控制装置；

5—工件夹具；6—工件；7—焊接电源

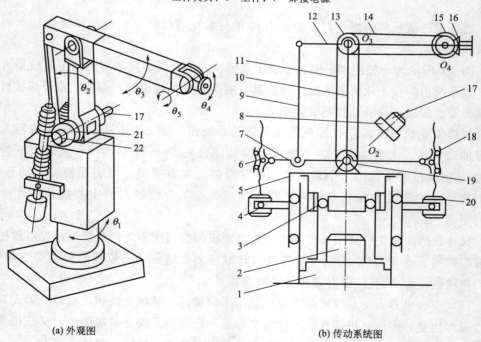

(a) 外观图　　　　　　　　　　　　　　　(b) 传动系统图

图 3-6　5 自由度关节型工业机器人

1—机座；2、4、17、20、22—驱动电动机；3、8、21—谐波减速器；5—机身；6、18—滚珠丝杠副；7—连杆；

9、10、12—手臂连杆；11、14—链条（共 4 条）；13、15、19—链轮（共 8 个）；16—锥齿轮传动

表 3-1 焊接机器人主要规格性能表

项　目		规格参数	项　目		规格参数
操作机结构形式		关节型	额定载荷		100N
动作自由度数		5	动作方式		PTP、CP
动作范围	θ_1	最大：240°	示教方式		手把手示教或示教盒示教
	θ_2	最大：前 40°，后 40°	伺服控制系统	θ_1	MR08C 直流伺服电动机控制器
	θ_3	最大：向上 20°，向下 40°		θ_2	UGCMEM-08AA 直流伺服电动机
	θ_4	最大：360°		θ_3	
	θ_5	最大：180°		θ_4	FR02RB 直流伺服电动机控制器
瞬时最大速度	ω_1	90°/s		θ_5	PMES-12 直流伺服电动机
	v_2	800mm/s	重复精度		±0.2mm
	v_3	1100mm/s	控制方式		计算机控制
	ω_4	150°/s			
	ω_5	100°/s			

表 3-2 伺服控制系统的主要特性参数

项目　型号	UGCMEM-08AA	PMES-12	项目　型号	MR08C	FR02RB
额定功率/kW	0.71	0.19	额定功率/kW	0.77	0.2
额定转矩/(N·cm)	396	61.5	控制方式	晶体管脉宽调制(PWM)控制	
额定电流/A	6.7	6.4	调速范围	1：1000	1：1000
额定转速/(r/min)	1750	3000	额定输入参考电压/V	±6	±6
电枢飞轮力矩 GD^2/(N·m²)	$5.3×10^{-3}$	$1.8×10^{-4}$	输入阻抗/kΩ	20	10.5
			速度检测	测速机和光电编码器	

③ 良好的安全可靠性；

④ 通常要求工作空间大，适应焊接工作要求，承载能力高；

⑤ 持重大（60～150kg），以便携带内装变压器的焊钳；

⑥ 定位精度高（±0.25mm），以确保焊接质量；

⑦ 重复性要求，可见焊点处小于等于 1mm，不可见焊点处不大于 3mm；

⑧ 考虑到焊接空间小，为避免与工件碰撞，通常要求小臂很长。

点焊机器人通常由机器人机械本体、控制系统和焊接设备等三部分组成。点焊机器人本体有落地式的垂直多关节型、悬挂式的垂直多关节型、直角坐标型和定位焊接用机器人。目前主流机型为多用途的大型 6 轴垂直多关节机器人，这是因为工作空间/安装面积之比大，持重多数为 100kg 左右，还可以附加整机移动的自由度。从机器人控制系统和点焊控制的结构关系上，点焊机器人可分为中央结构和分散结构两种。在中央结构中，机器人控制系统统一完成机器人运动和焊接工作及其控制；在分散结构中，焊接控制与机器人控制系统分离设置，自成一体，两者通过通信完成机器人运动和焊接工作。分散结构具有独立性强、调试灵活、维修方便、便于分工协作研制、焊接设备也易于作为通用焊机。

点焊机器人手臂上所握焊枪包括电极、电缆、气管、冷却水管及焊接变压器，焊枪相对比较重，要求手臂的负重能力较强。

在驱动形式方面，由于电伺服技术的迅速发展，液压伺服在机器人中的应用逐渐减少，甚至大型机器人也在朝电动机驱动方向过渡。

目前使用的机器人点焊电源有两种，即单相工频交流点焊电源和逆变二次整流式点焊电源。

东风汽车公司生产 EQ1141C 驾驶室总成的总装线上引入了点焊机器人，完成的焊点如图 3-7 所示。总共有 610 个焊点，分布于驾驶室的 6 大部分，焊点数多，且分布广，另外有些地方搭接层数不尽相同。

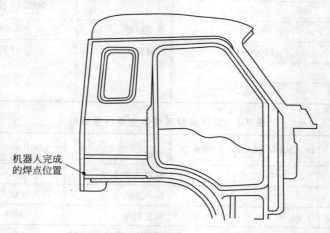

机器人完成的焊点位置

图 3-7　驾驶室焊点位置

根据被焊工件的要求，选择了 IR761/125 型点焊机器人。IR761/125 型点焊机器人本体具有带辅助轴 7 个自由度，重复精度小于 ±0.3mm，工作范围体积为 37m³，载荷为 125kg。其外形轮廓如图 3-8 所示，其在竖直面的扫描范围如图 3-9 所示，其中，$A=3290$mm，$B=2510$mm，$C=1568$mm，$D=3152$mm，$E=942$mm。IR761/125 型机器人采用了交流伺服电动机驱动。控制系统的核心部分由主 CPU、从 CPU、伺服 CPU、I/O 接口、RCM 处理器和内部电源诊断器组成。

根据生产线的工艺流程，两台机器人布置于第 9 工位上，完成前围和后围上的所有焊点。机器人在总装线中的平面布置图如图 3-10 所示。

IR761/125 型机器人的机械传动部件制造精度高，驱动方式先进，控制系统的硬件和软件采用了分块设计方式。同时对温度、各轴的运动速度、加速度、位置、运动范围、电压进行监控；另外，对计算机的主 CPU、从 CPU，以及伺服 CPU 也采用了监控技术，而且随时对 EPROM 进行检查。各功能模块都是相互独立且互锁的，这些措施将消除机器人的误动作。如果有某处出错，机器人将停止运行。其自我保护功能强，经试验证明其可靠性是能够满足使用要求的。

3.2.5　装配机器人

装配在现代工业生产中占有十分重要的地位。有关资料统计表明，装配占产品生

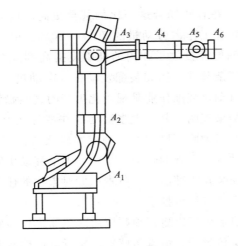

图 3-8　IR761/125 型点焊机器人

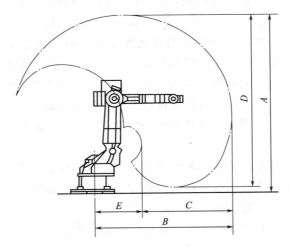

图 3-9　IR761/125 型点焊机器人工作范围

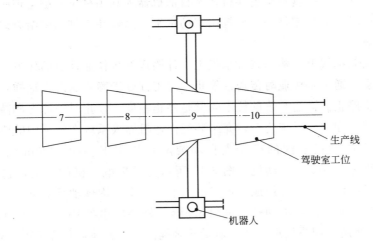

图 3-10　机器人在总装线中的平面布置图

35

产劳动量的 $50\%\sim60\%$，在有些场合这一比例甚至更高。例如，在电子厂的芯片装配、电路板的生产中，装配工作占劳动量的 $70\%\sim80\%$。由于机器人的触觉和视觉系统不断改善，可以把轴类件投放于孔内的准确度提高到 0.01mm 之间。目前已逐步开始使用机器人装配复杂部件，例如装配发动机、电动机、大规模集成电路板等。因此，用机器人来实现自动化装配作业是现代化生产的必然趋势。

对装配操作统计的结果表明，其中大多数为抓住零件从上方插入或连接的工作。水平多关节机器人就是专门为此而研制的一种成本较低的机器人，它有 4 个自由度：两个回转关节、上下移动以及手腕的转动。其中，上下移动由安装在水平臂的前端的移动机构来实现。手爪安装在手部前端，负责抓握对象物的任务，为了适应抓取形状各异的工件，机器人上配备各种可换手。

带有传感器的装配机器人可以更好地顺应对对象物进行柔软的操作。装配机器人经常使用的传感器有视觉传感器、触觉传感器、接近觉传感器和力传感器等。视觉传感器主要用于零件或工件的位置补偿，零件的判别、确认等。触觉和接近觉传感器一般固定在指端，用来补偿零件或工件的位置误差，防止碰撞等。力传感器一般装在腕部，用来检测腕部受力情况，一般在精密装配或去飞边一类需要力控制的作业中使用。恰当地配置传感器，能有效地降低机器人的价格，改善它的性能。

机器人进行装配作业时，除机器人主机、手爪、传感器外，零件供给装置和工件搬运装置也至关重要。无论从投资的角度还是从安装占地面积的角度，它们往往比机器人主机所占的比例大。周边设备常由可编程控制器控制，此外一般还要有台架、安全栏等。

零件供给器的作用是保证机器人能逐个正确地抓取待装配零件，保证装配作业正常进行。目前多采用的零件供给器有给料器和托盘。给料器用振动或回转机构把零件排齐，并逐个送到指定位置，它以输送小零件为主。托盘则是当大零件或易磕碰划伤的零件加工完毕后，将其码放在称为"托盘"的容器中运输，托盘能按一定精度要求把零件送到给定位置，然后再由机器人一个一个取出。由于托盘容纳的零件有限，所以托盘装置往往带有托盘自动更换机构。目前机器人利用视觉和触觉传感技术，已经达到能够从散堆状态把零件一一分拣出来的水平，这样在零件的供给方式上可能会发生显著的改观。

在机器人装配线上，输送装置承担把工件搬运到各作业地点的任务，输送装置中以传送带居多。通常是作业时传送带停止，即工件处于静止状态。这样，装载工件的托盘容易同步停止。输送装置的技术问题是停止精度、停止时的冲击和减速。现以吊扇电动机自动装配作业系统为例，介绍装配作业机器人系统在实际中的应用。

用于吊扇电动机装配的机器人自动装配系统用于装配 1400mm、1200mm 和1050mm 三种规格的吊扇电动机。图 3-11 所示是吊扇电动机的结构，它由下盖、转子组件、定子组件和上盖等组成。定子由上下各一个深沟球轴承支承，而整个电动机则用三套螺钉垫圈连接，电动机重量约 3.5kg，外径尺寸在 $180\sim200$mm 之间，生产节拍 $6\sim8$s。使用装配系统后，产品质量显著提高，返修率降低至 $5\%\sim8\%$ 左右。

图 3-12 为机器人自动装配线的平面布置图。装配线的线体呈框形布局，全线有

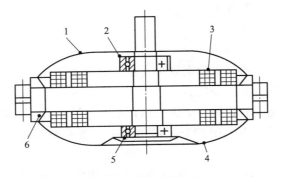

图 3-11 吊扇电机结构

1—上盖；2—上轴承；3—定子；4—下盖；5—下轴承；6—转子

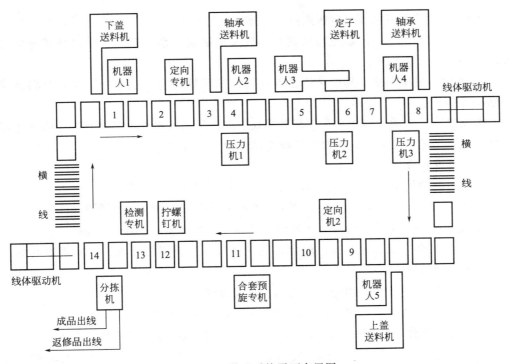

图 3-12 装配系统平面布置图

14 个工位，34 套随行夹具分布于线体上，并按规定节拍同步传送。系统中使用 5 台装配机器人，各配以一台自动送料机，还有压力机 3 台，各种功能的专用设备 6 台套。

在各工位上进行的装配作业如下。

工位 1 机器人从送料机夹持下盖，用光电检测装置检测螺孔定向，放入夹具内定位夹紧。

工位 2 螺孔精确定位。先松开夹具，利用定向专机的三个定向销，校正螺孔位置，重新夹紧。

工位 3 机器人从送料机夹持轴承，放入夹具内的下盖轴承室。

工位 4 压力机压下轴承到位。

工位 5 机器人从送料机夹持定子，放入下轴承孔中。

工位 6 压力机压定子到位。

工位 7 机器人从送料机夹持上轴承，套入定子轴颈。

工位 8 压力机压上轴承到位。

工位 9 机器人从送料机夹持上盖，用光电检测螺孔定向，放在上轴承上面。

工位 10 定向压力机先用三个定向销把上盖螺孔精确定向，随后压头压上盖到位。

工位 11 三台螺钉垫圈合套专机把弹性垫圈和平垫圈分别套在螺钉上，送到抓取位置，三个机械手分别把螺钉夹持，送到工件并插入螺孔，由螺钉预旋专机把螺钉拧入螺孔三圈。

工位 12 拧螺钉机以一定扭矩把三个螺钉同时拧紧。

工位 13 专机以一定扭矩转动定子，按转速确定电动机装配质量，分成合格品或返修品，然后松开夹具。

工位 14 机械手从夹具中夹持已装好的或未装好的电动机，分别送到合格品或返修品运输出线。

电动机装配实质上包括轴孔嵌套和螺纹装配两种基本操作，其中，轴孔嵌套是属于过渡配合下的轴孔嵌套，这对于装配系统的设计有决定性影响。

(1) 装配作业机器人系统

装配系统使用机器人进行装配作业，机器人应完成如下操作：

① 利用机器人的堆垛功能，实现对零件的顺序抓取，并运送到装配位置；

② 配合使用柔顺定心装置，实现零件在装配位置上的自动定心和轴孔插入；

③ 利用机器人及其控制器，配合光电检测装置和识别微处理器，实现螺孔的识别、定向和螺纹装配；

④ 利用机器人的示教功能，简化设备安装调整工作；

⑤ 使装配系统容易适应产品规格的变化，具有更大的柔性。

根据上述操作，要求机器人有垂直上下运动，以抓取和放置零件；有水平两个坐标的运动，把零件从送料机运送到夹具上，还有一个绕垂直轴的运动，实现螺孔检测。因此，选择了具有 4 个自由度的 SCARA（Selective Compliance Assembly Robot Arm）型机器人。定子组件采用装料板顺序运送的送料方式，每一装料板上安放 6 个零件。机器人必须有较大的工作区域，因此选择了直角坐标型。

对两种型式的机器人来说，根据作业要求，平面移动范围有 600mm，而垂直坐标行程在工件装入定子组件之前取 100mm，在装入定子组件以后，由于定子轴上端有一个保护导线的套管，需要增加 100mm 行程，因此分别选择 100mm 和 200mm 两种规格。工厂要求的生产节拍为 6～8s 以内，以保证较高的生产率。为了达到这一要求，两种型式的机器人都选择高速型。其中，SCARA 型机器人第一臂和第二臂的综合运动速度为 5.2m/s，z 轴垂直运动速度 0.6m/s；直角坐标型机器人平面运动速度为 1.5m/s，垂直运动速度 0.25m/s。机器人持重由工件及夹持器重量决定，工件中重量最重的是定子组件，为 2.5kg，其余上下盖或轴承都比较轻，再考虑到夹持器的重量，选用持重 5kg 的机器人。为了提高定位精度，根据机器人生产厂家提供的技术资料，选择 SCARA 机器人的重复定位精度为 ±0.05mm，如图 3-13 所示。直角坐标型机器人为 ±0.02mm。

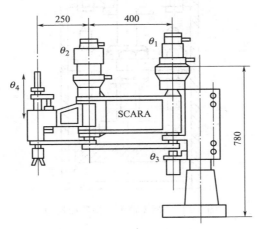

图 3-13　平面关节式机器人

除装配机器人外，吊扇电动机自动装配系统还包括机器人夹持器、自动送料装置、螺孔定向装置、螺钉垫圈合套装置等。

（2）夹持器

机器人夹持器是机器人完成装配、搬运等作业的关键机械装置，通常使用气源、液压源、电力驱动，因此需要一套减速或传动装置，这将增加机器人的有效负荷，或是增加厂附属设施，增大了制造成本。

采用形状记忆合金（SMA）驱动元件应用在机器人夹持器中，在一些场合中能代替传统的驱动元件（如电动机、油压或气压活塞），且由于驱动与执行器件集成于夹持器中，不需复杂的减速或传动装置。该种夹持器结构简单、重量轻、操作方便，非常适合于小负载、高速、高精度的机器人装配作业中使用。

SMA 轴承夹持器的结构如图 3-14 所示，其外形为直径 50mm、高 90mm 的圆柱体，重约 400g，可安装在 SCARA 机器人手臂末端轴上进行装配作业。其工作过程分为 4 个阶段：抓取、到位、插放、复位。

当夹持轴承时，夹持器先套入轴承，通电加热右侧记忆合金弹簧（SMA1），使其收缩变形，带动杠杆逆时针转动，轴承被夹紧；松夹时，SMA 断电，通电加热左侧记忆合金弹簧（SMA2），使其收缩变形而带动杠杆顺时针转动，松开轴承。其工作原理如图 3-15 所示。

（3）轴承送料机

轴承零件外形规则、尺寸较小，因此采用料仓式储料式储料装置。轴承送料机如图 3-16 所示，主要由一级料仓 6（料筒）、二级料仓 2、料道 3、给油器 10、机架 8、隔离板 4、行程程序控制系统和气压传动系统（包括输出气缸 1，隔离气缸 5，栈输送气缸 7 和数字气缸 9）等组成。物料储备 576 件，备料间隔时间约 1h。

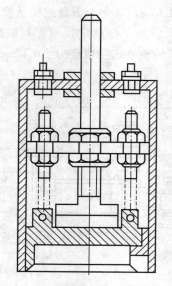

图 3-14   SMA 轴承夹持器结构图

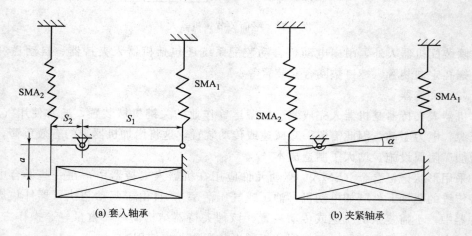

图 3-15   SMA 轴承夹持器的工作原理

为达到较大储量，轴承送料机采用多仓分装、多级供料的结构形式。设有 6 个一级料仓，每个料仓二维堆存，共 6 栋，16 层；一个二级料仓，一维堆存，1 栋，16 层。料筒固定，料筒中的轴承按工作节拍逐个沿料道由一个输出气缸送到指定的机器人夹持装置；当料筒耗空后，对准料筒的一级料仓的轴承在栋输送气缸的作用下，再向料筒送进 1 栋轴承；如此 6 次之后，该一级料仓轴承耗空，由数字气缸组驱动切换料仓，一级料仓按控制系统设定的规律依次与料筒对接供料，至耗空 5 个料仓后，控制系统发出备料报警信号。

（4）上、下盖送料机

上、下盖零件尺寸较大，如果追求增加储量，会使送料装置过于庞大，因此，着重从方便加料考虑，把重点放在加料后能自动整列和传送，所以采用圆盘式送料装置。上、下盖送料机如图 3-17 所示，它主要由电磁调速电动机及传动机构 5、转盘

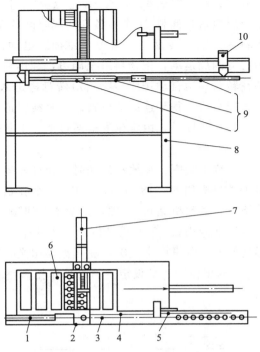

图 3-16　轴承送料机

1—输出气缸；2—二级料仓；3—料道；4—隔离板；5—隔离气缸；6—一级料仓；

7—栋输送气缸；8—机架；9—数字气缸；10—给油器

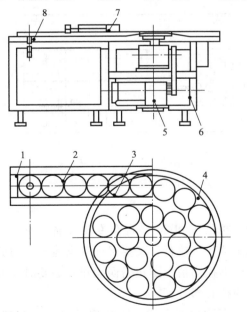

图 3-17　上、下盖送料机

1—定位板；2—导轨；3—拨料板；4—转盘；5—传动机构；

6—机架；7—送料气缸；8—定位气缸

4、拨料板 3、送料气缸 7、定位气缸 8、导轨 2、定位板 1、机架 6 等组成。上、下盖物料不宜堆叠，采用单层料盘，储料 21 个。备料间隔时间约 2min。

上、下盖送料机料盘为圆形转盘，盘面为 3° 锥面。电动机驱动转盘旋转，转盘带动物料做绕转盘中心的圆周运动，把物料甩至周边，利用物料的圆形特征和拨料板的分道作用，使物料在转盘周边自动排序，物料沿转盘边进入切线方向的直线料道。由于物料的推挤力，直线料道可得到连续的供料。在直线料道出口处，由送料气缸按节拍要求做间歇供料。物料抓取后，由定位气缸通过上、下盖轴承座位孔定位。

（5）定子送料机

定子组件 1 由于已经绕上线圈，存放和运送时不允许发生碰撞，因此采取定位存放的装料板形式。定子送料机如图 3-18 所示。它由 11 个托盘 2、输送导轨、托盘换位驱动气缸、机架等组成。送料机储料 60 件，正常备料间隔时间约 3min。定子送料机采用框架式布置，矩形框四周设 12 个托盘位，其中一个为空位 4，用作托盘先后移动的交替位。矩形框的四边各设一个气缸，在托盘要切换时循环推动各边的托盘移动一个位。在工作位 3（输出位）底部设定位销给工作托盘精确定位，保证机器人与被抓定子的位置关系。

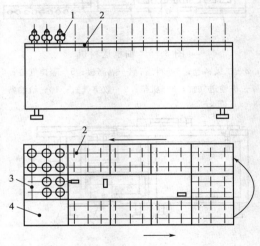

图 3-18　定子送料机

1—定子组件；2—托盘；3—工作位；4—空位

（6）监控系统

由于装配线上有 5 台机器人和 20 多台套专用设备，它们各自完成一定的动作，既要保证这些动作按既定的程序执行，又要保证安全运转。因此，对其作业状态必须严格进行检测与监控，根据检测信号防止错误操作，必要时还要进行人工干预，所以监控系统是整条自动线的核心部分。

监控系统采用三级分布式控制方式，既实现了对整个装配过程的集中监视和控制，又使控制系统层次分明，职能分散。监控级计算机可对全线的工作状态进行监控。采用多种联网方式保证整个系统运行的可靠性。在监控级计算机和协调级中的中型 PLC/C200H 之间使用 RS232 串行通信方式，在协调级和各机器人控制器之间使用I/O连接方式，在协调级和各执行级控制器之间使用光缆通信方式，以保证各级之间不会出现数据的传输出错。数百个检测点，检测初始状态信息、运行状态信息及安全监控信息。在关键或易出故障的部位检测危险动作的发生，防止被装零件或机构相互干涉，当有异常时，发出报警信号并紧急停机。

（7）自动线上的传送机械手

该系统如图3-19所示，由气动机械手、传输线和货料供给机所组成。

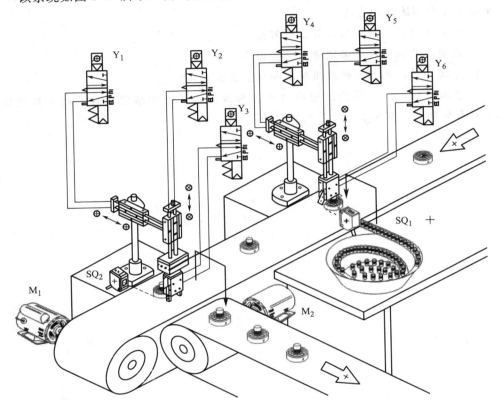

图 3-19　自动线上的传送机械手

按下启动按钮，开始下列操作。

① 电机 M_1 正转，传送带开始工作，当到位传感器 SQ_1 为 ON 时，装配机械手开始工作。

② 第一步：机械手水平方向前伸（气缸 Y_4 动作），然后垂直方向向下运动（气缸 Y_5 动作），将料柱抓取起来（气缸 Y_6 吸合）。

③ 第二步：机械手垂直方向向上抬起（Y_5 为 OFF），在水平方向向后缩（Y_4 为 OFF），然后垂直方向向下（Y_5 为 ON）运动，将料柱放入到货箱中（Y_6 为 OFF），系统完成机械手装配工作。

④ 系统完成装配后，当到料传感器 SQ_2 检测到信号后（SQ_2 灯亮），搬运机械手开始工作。首先机械手垂直方向下降到一定位置（Y_2 为 ON），然后抓手吸合（Y_3

为 ON)，接着机械手抬起（Y_2 为 OFF)，机械手向前运动（Y_1 为 ON)，然后下降（Y_2 为 ON)，机械手张开（Y_3 为 OFF)，电机 M_2 开始工作，将货物送出。

练习与思考

1. 论述机器人的发展和应用会对人类产生什么样的影响，试从社会、经济和人民生活等方面阐述你的看法。

2. 列举出应用工业机器人带来的好处。

3. 应用工业机器人时必须考虑哪些因素？

4. 查阅资料，机器人的应用现状和发展前景如何？

5. 查阅资料，以一类应用领域的机器人为例，详细介绍它们目前的应用现状、技术要点和难点，以及未来发展的方向。

第4章 自动线机械手控制

本章介绍气动机械手和行走机械手的控制原理和设计思路，重点介绍气动控制线路和步进电机控制线路的接线、编程和调试。

4.1 气动机械手控制

4.1.1 气动传动概述

气压传动简称气动，是指以压缩空气为工作介质来传递动力和控制信号，控制和驱动各种机械和设备，以实现生产过程机械化、自动化的一门技术。它是流体传动及控制学科的一个重要分支。因为以压缩空气为工作介质，具有防火、防爆、防电磁干扰，抗振动、冲击、辐射，无污染，结构简单，工作可靠等特点。

气压传动的优点：

① 空气随处可取，取之不尽，节省了购买、储存、运输介质的费用；

② 空气在使用完后排入大气中去，对环境无污染，处理方便，不必设置回收管路；

③ 因空气黏度小，在管内流动阻力小，压力损失小，便于集中供气和远距离输送；

④ 与液压相比，气动反应快，制造容易，适用于标准化、系列化、通用化；

⑤ 气动元件对工作环境适应性好；

⑥ 空气具有可压缩性，使气动系统能够实现过载自动保护。

气压传动的缺点：

① 由于空气具有可压缩性，因此工作速度稳定性稍差，但采用气液联动装置会得到较满意的效果；

② 因工作压力低（一般为 0.31MPa），又因结构尺寸不宜过大，总输出力不宜大于10～40kN；

③ 噪声较大，在高速排气时要加消声器；

④ 气动装置中的气信号传递速度在声速以内，比电子及光速慢，因此，气动控制系统不宜用于元件级数过多的复杂回路。

4.1.2 气压传动系统的组成

典型的气压传动系统是由气压发生装置、执行元件、控制元件、辅助元件和传动介质 5 个部分组成。

气压发生装置简称气源装置，是获得压缩空气的能源装置，其主体部分是空气压缩机，另外还有气源净化设备。空气压缩机将原动机提供的机械能转化为空气的压力能；而气源净化设备用以降低压缩空气中的水分、油分以及污染杂质等。使用气动设备较多的厂矿将气源装置集中在压气站（俗称空压站）内，由压气站再统一向各用气点（分厂、车间和用气设备等）分配供应压缩空气。

执行元件是以压缩空气为工作介质，并将压缩空气的压力能变为机械能的能量转换装置，包括做直线往复运动的气缸、做连续回转运动的气马达和做不连续回转运动的摆动马达。

控制元件又称操纵、运算、检测元件，是用来控制压缩空气流的压力、流量和流动方向等，以便使执行机构完成预定运动规律的元件，包括各种压力阀、方向阀、流量阀、逻辑元件、射流元件、行程阀、转换器和传感器等。

辅助元件是使压缩空气净化、润滑、消声以及元件间连接所需要的一些装置，包括分水滤气器、油雾器、消声器以及各种管路附件等。

传动介质是系统中传递能量的流体，即压缩空气。

4.1.3　气动执行元件

（1）气缸的结构

气动执行元件有做直线往复运动的气缸、做连续回转运动的气马达和做不连续回转运动的摆动气缸等。下面主要以气缸为主来进行介绍。

普通气缸的结构组成见图 4-1，主要由前端盖 2、后端盖 9、活塞 6、活塞杆 4、缸筒 5 和其他一些零件组成。

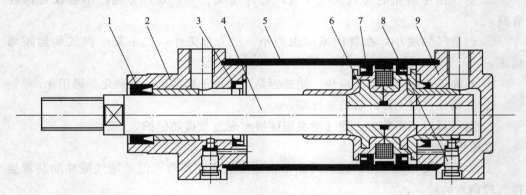

图 4-1　普通气缸

1—组合防尘圈；2—前端盖；3—轴用 YX 密封圈；4—活塞杆；5—缸筒；6—活塞；
7—孔用 YX 密封圈；8—缓冲调节阀；9—后端盖

（2）气缸的分类

气缸的种类很多，一般按压缩空气作用在活塞面上的方向、结构特征和安装方式来分类。

① 按压缩空气对活塞端面作用力的方向分类。

a. 单作用气缸。气缸只有一个方向的运动是气压传动，活塞的复位靠弹簧力或自重和其他外力。

b. 双作用气缸。双作用气缸的往返运动全靠压缩空气来完成。

② 按气缸的结构特征分类。

a. 活塞式气缸。

b. 薄膜式气缸。

c. 伸缩式气缸。

③ 按气缸的安装形式分类。

a. 固定式气缸。气缸安装在机体上固定不动，有耳座式、凸缘式和法兰式。

b. 轴销式气缸。缸体围绕一固定轴可做一定角度的摆动。

c. 回转式气缸。缸体固定在机床主轴上，可随机床主轴做高速旋转运动。这种气缸常用于机床上气动卡盘中，以实现工件的自动装卡。

d. 嵌入式气缸。气缸做在夹具本体内。

（3）气缸的选用

① 选择气缸类型：根据使用场合和负载特点选择不同类型的气缸。

② 选择安装形式：由气缸的安装位置、使用目的等因素来决定。

③ 确定气缸作用力大小：根据工作机构所需的作用力的大小来确定。

④ 确定气缸行程：与使用场合和机构所需的行程比有关，也受加工和结构的限制。

⑤ 确定运动速度：普通气缸的运动速度为 0.5～1m/s，应根据需要在系统中设置调速元件，如节流阀等。

4.1.4　气动控制元件

在气压传动系统中，控制元件是控制和调节压缩空气的压力、流量、流动方向和发送信号的重要元件，利用它们可以组成各种气动控制回路，使气动执行元件按设计的程序正常地进行工作。控制元件按功能和用途可分为方向控制阀、压力控制阀和流量控制阀三大类。

（1）方向控制阀

按阀芯结构不同可分为滑柱式（又称柱塞式，也称滑阀）、截止式（又称提动式）、平面式（又称滑块式）、旋塞式和膜片式。其中以截止式换向阀和滑柱式换向阀应用较多。

按其控制方式不同可以分为电磁换向阀、气动换向阀、机动换向阀和手动换向阀。

按其作用特点可以分为单向型控制阀和换向型控制阀。

① 单向型控制阀。单向型控制阀（简称单向阀）是指气流只能向一个方向流动而不能反向流动的阀。单向阀的工作原理、结构和图形符号与液压阀中的单向阀基本相同，只不过在气动单向阀中，阀芯和阀座之间有一层胶垫（密封垫）。

② 换向型控制阀。换向型控制阀（简称换向阀）的功用是改变气体通道，使气体流动方向发生变化，从而改变气动执行元件的运动方向。换向阀包括气压控制阀、电磁控制阀、机械控制阀、人力控制阀和时间控制阀。

a. 气压控制换向阀。气压控制换向阀是利用气体压力来使主阀芯运动而使气体改变流向的。按控制方式不同可分为加压控制、卸压控制和差压控制三种。

加压控制是指所加的控制信号压力是逐渐上升的，当气压增加到阀芯的动作压力时，主阀便换向。卸压控制指所加的气控信号压力是减小的，当减小到某一压力值时，主阀换向。差压控制是使主阀芯在两端压力差的作用下换向。

b. 电磁控制换向阀。按控制方式不同分为电磁铁直接控制（直动）式电磁阀和先导式电磁阀两种。它们的工作原理分别与液压阀中的电磁阀和电液动阀相类似，只是两者的工作介质不同而已。

（2）压力控制阀

压力控制阀主要用来控制系统中气体的压力，以满足各种压力要求或用以节能。压力控制分为三类：一类是起降压稳压作用，如减压阀，定值器；一类是起限压安全保护作用的安全阀等；一类是根据气路压力不同进行某种控制的顺序阀、平衡阀等。

（3）流量控制阀

在气压传动系统中，经常要求控制气动执行元件的运动速度，这要靠调节压缩空气的流量来实现。凡用来控制气体流量的阀，称为流量控制阀。流量控制阀就是通过改变阀的通流截面积来实现流量控制的元件，包括节流阀、单向节流阀、排气节流阀和柔性节流阀等。其中节流阀和单向节流阀的工作原理与液压阀中同类型阀相似。

4.1.5 气动辅助元件

（1）油雾器

油雾器是以压缩空气为动力，将润滑油喷射成雾状并混合于压缩空气中，使该压缩空气具有润滑气动元件的能力。

目前，气动控制阀、气缸和气马达主要是靠这种带有油雾的压缩空气来实现润滑的，其优点是方便、干净、润滑质量高。

（2）消声器

气压传动装置的噪声一般都比较大，尤其当压缩气体直接从气缸或阀中排向大气，较高的压差使气体体积急剧膨胀，产生涡流，引起气体的振动，发出强烈的噪声。为消除这种噪声，应安装消声器。消声器是指能阻止声音传播而允许气流通过的一种气动元件。气动装置中的消声器主要有阻性消声器、抗性消声器及阻抗复合消声器三大类。

（3）转换器

在气动控制系统中，也与其他自动控制装置一样，有信号传感、控制和执行部分，其控制部分工作介质为气体，而信号传感部分和执行部分不一定全用气体，可能用电或液体传输，这就要通过转换器来转换。常用的转换器有气-电、电-气、气-液等。

（4）气-电转换器和电-气转换器

气-电转换器是将压缩空气的气信号转变成电信号的装置，又称压力继电器。

电-气转换器是将电信号转换成气信号的装置。各种电磁换向阀可作为电-气转换器。

4.1.6　机械手

机械手是能模仿人手和臂的某些动作功能，用以按固定程序抓取、搬运物件或操作工具的自动操作装置。它可代替人的繁重劳动以实现生产的机械化和自动化，能在有害环境下操作以保护人身安全，因而广泛应用于机械制造、冶金、电子、轻工和原子能等部门。

机械手主要由手部、运动机构和控制系统三大部分组成。手部是用来抓持工件（或工具）的部件，根据被抓持物件的形状、尺寸、重量、材料和作业要求而有多种结构形式，如夹持型、托持型和吸附型等。运动机构，使手部完成各种转动（摆动）、移动或复合运动来实现规定的动作，改变被抓持物件的位置和姿势。运动机构的升降、伸缩、旋转等独立运动方式，称为机械手的自由度。为了抓取空间中任意位置和方位的物体，需有 6 个自由度。自由度是机械手设计的关键参数。自由度越多，机械手的灵活性越大，通用性越广，其结构也越复杂。一般专用机械手有 2 个或 3 个自由度。

机械手的种类，按驱动方式可分为液压式、气动式、电动式、机械式机械手；按适用范围可分为专用机械手和通用机械手两种；按运动轨迹控制方式可分为点位控制和连续轨迹控制机械手等。

4.1.7　项目工作任务描述

本项目中控制的机械手是用来自动取料、下料的，其结构示意图如图 4-2 所示。

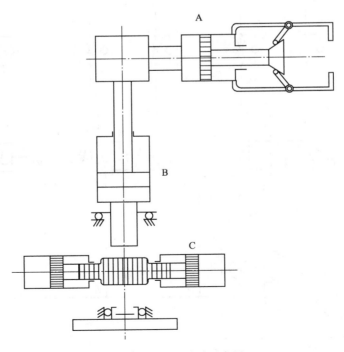

图 4-2　气动机械手示意图

它由三个气缸组成，可在三个坐标内工作。图中，A 为夹紧缸，其活塞退回时夹紧物料，活塞杆伸出时松开物料。B 为立柱升降缸，实现上升与下降动作。C 为回转缸，该气缸有两个活塞，分别装在带齿条的活塞杆两头，齿条的往复运动带动立柱上的齿轮旋转，从而实现机械手的旋转功能。其工作顺序图如图 4-3 所示。

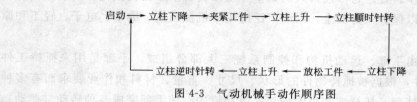

图 4-3　气动机械手动作顺序图

要求设计控制方案，选择安装控制回路，编程控制该气动机械手实现自动循环的工件抓取传递过程。

4.1.8　项目实施过程

① 制订气动机械手的控制方案，选用气动元件，安装气动控制回路。

根据机械手完成的功能，选用三个单电控两位五通电磁换向阀作为气缸控制阀，绘制气路图如图 4-4 所示。

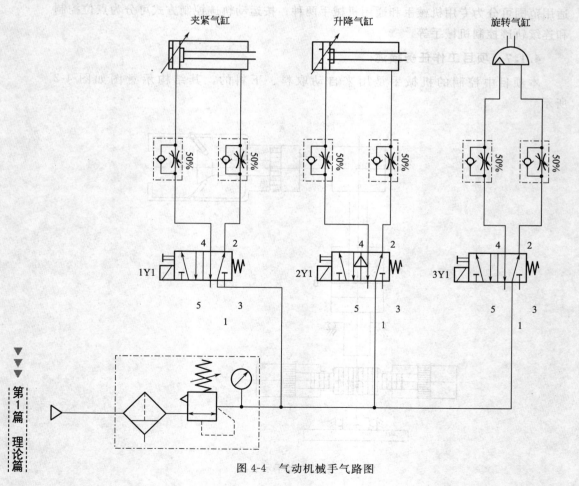

图 4-4　气动机械手气路图

② 各小组按计划连接各输入输出点，按要求画出机械手工作流程图，完成控制机械手的程序编制及调试。

气动机械手控制输入输出点分配表如表 4-1 所示。

表 4-1　气动机械手输入输出分配表

输　入　接　口		
PLC 端口	按钮	注释
I0.0	SB1	启动按钮
I0.1	SB2	复位按钮
I0.2	SB3	急停按钮
输　出　接　口		
PLC 端口	电磁阀	注释
Q0.1	2Y1	升降
Q0.2	1Y1	夹紧
Q0.3	3Y1	旋转

绘制气动机械手工作流程图如图 4-5 所示。

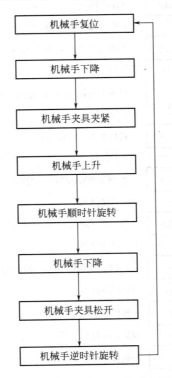

图 4-5　气动机械手工作流程图

气动机械手控制 PLC 外部接线图如图 4-6 所示。

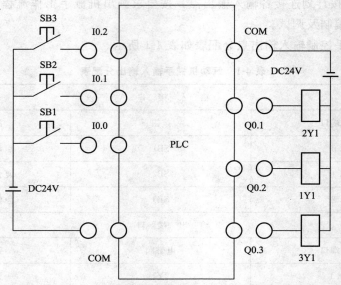

图 4-6　气动机械手控制 PLC 外部接线图

气动机械手的步序法工作流程如图 4-7 所示。

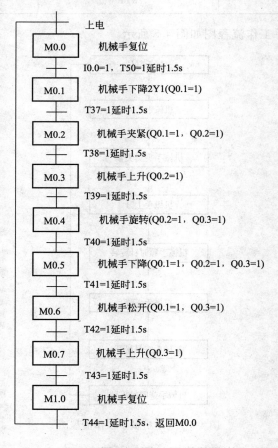

图 4-7　气动机械手工作流程图

气动机械手步序法程序如图 4-8 所示。

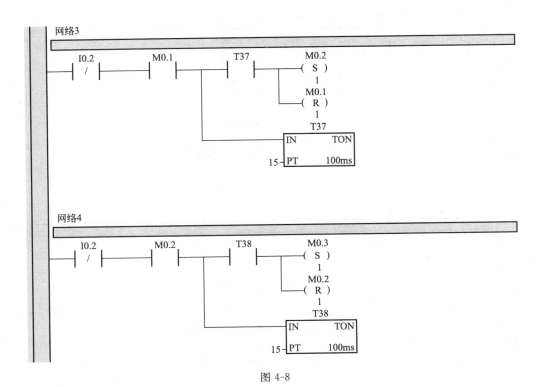

图 4-8

网络5

```
   I0.2        M0.3          T39         M0.4
───┤ / ├──────┤ ├────┬──────┤ ├────────( S )
                     │                    1
                     │                  M0.3
                     │              ┌───( R )
                     │              │     1
                     │            ┌─┴──────────────┐
                     │           T39              │
                     └───────────┤IN        TON   │
                                 │                │
                          15─────┤PT       100ms  │
                                 └────────────────┘
```

网络6

```
   I0.2        M0.4          T40         M0.5
───┤ / ├──────┤ ├────┬──────┤ ├────────( S )
                     │                    1
                     │                  M0.4
                     │              ┌───( R )
                     │              │     1
                     │            ┌─┴──────────────┐
                     │           T40              │
                     └───────────┤IN        TON   │
                                 │                │
                          15─────┤PT       100ms  │
                                 └────────────────┘
```

网络7

```
   I0.2        M0.5          T41         M0.6
───┤ / ├──────┤ ├────┬──────┤ ├────────( S )
                     │                    1
                     │                  M0.5
                     │              ┌───( R )
                     │              │     1
                     │            ┌─┴──────────────┐
                     │           T41              │
                     └───────────┤IN        TON   │
                                 │                │
                          15─────┤PT       100ms  │
                                 └────────────────┘
```

网络8

```
   I0.2        M0.6          T42         M0.7
───┤ / ├──────┤ ├────┬──────┤ ├────────( S )
                     │                    1
                     │                  M0.6
                     │              ┌───( R )
                     │              │     1
                     │            ┌─┴──────────────┐
                     │           T42              │
                     └───────────┤IN        TON   │
                                 │                │
                          15─────┤PT       100ms  │
                                 └────────────────┘
```

图 4-8

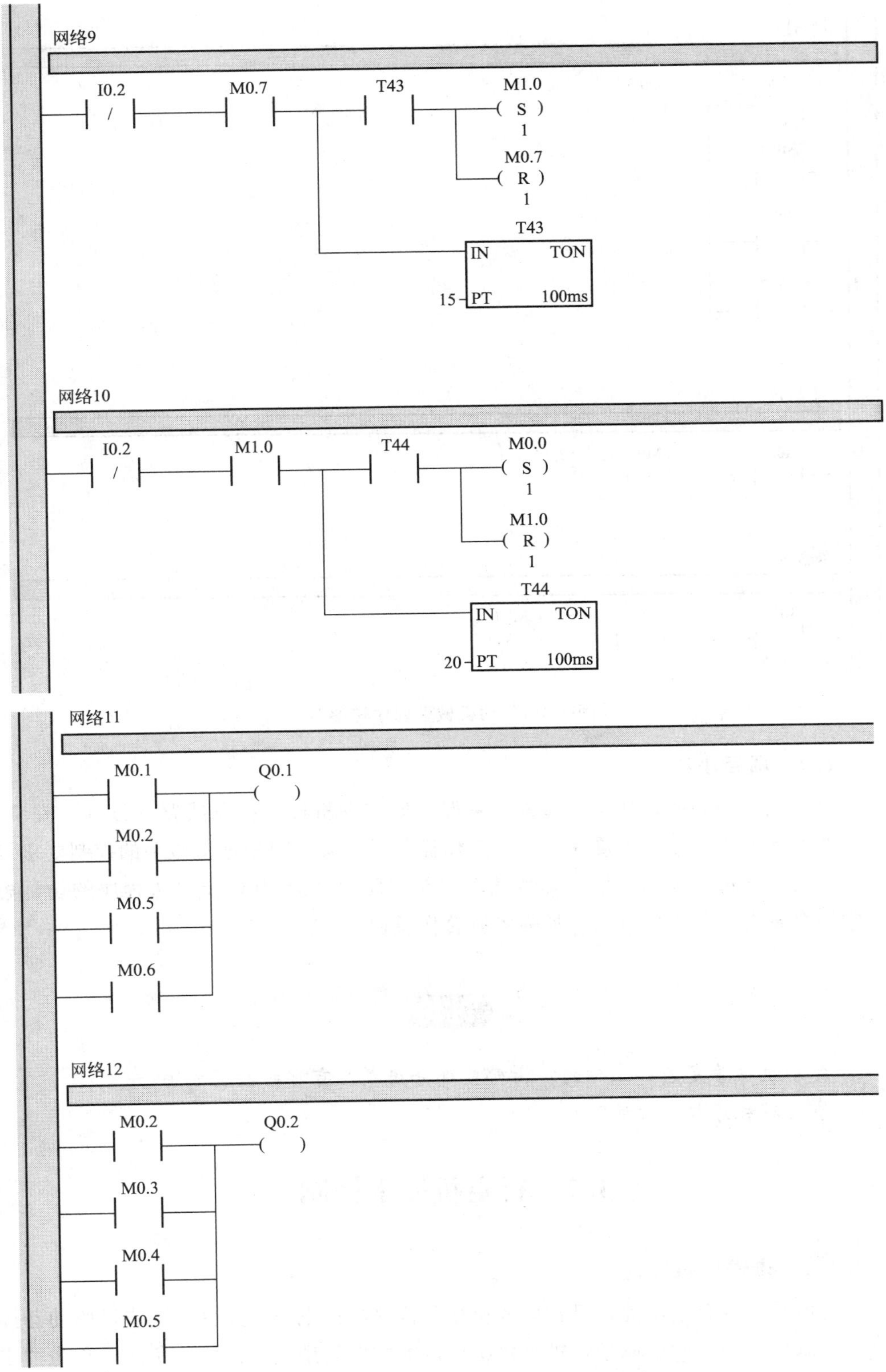

网络9

```
   I0.2      M0.7      T43       M1.0
  ──┤/├──────┤├────┬────┤├──────( S )
                   │              1
                   │             M0.7
                   │            ( R )
                   │              1
                   │             T43
                   └───────────IN    TON
                              15─PT    100ms
```

网络10

```
   I0.2      M1.0      T44       M0.0
  ──┤/├──────┤├────┬────┤├──────( S )
                   │              1
                   │             M1.0
                   │            ( R )
                   │              1
                   │             T44
                   └───────────IN    TON
                              20─PT    100ms
```

网络11

```
   M0.1              Q0.1
  ──┤├────┬──────────( )
   M0.2   │
  ──┤├────┤
   M0.5   │
  ──┤├────┤
   M0.6   │
  ──┤├────┘
```

网络12

```
   M0.2              Q0.2
  ──┤├────┬──────────( )
   M0.3   │
  ──┤├────┤
   M0.4   │
  ──┤├────┤
   M0.5   │
  ──┤├────┘
```

图 4-8

网络13

```
    M0.4          Q0.3
   ─┤ ├─────┬──────( )─
    M0.5    │
   ─┤ ├─────┤
    M0.6    │
   ─┤ ├─────┤
    M0.7    │
   ─┤ ├─────┘
```

网络14

```
    I0.1          M0.1
   ─┤ ├───────────( R )
                   7
```

网络15

```
    I0.1                M0.0
   ─┤ ├──────┤ N ├──────( S )
                         1
```

图 4-8 气动机械手程序梯形图

4.1.9 项目小结

通过该项目的完成，学生能够重点掌握一般气动机械手控制线路的设计、安装、编程、调试和检修。学生正确完成本次工作任务后，会实现根据机械手的控制要求设计控制方案，会选择气动元件，安装气动控制回路，学会 PLC 步序法程序的设计思路，掌握合理有效的工作方法，加强团队合作意识。

 讨论

① 气动机械手是怎样工作的？由哪些部分组成？有哪些控制方法？

② 有几种程序控制方法？

4.2 行走机械手控制

4.2.1 步进电机概述

步进电机是一种电脉冲信号转换成机械角位移的机电执行元件。当步进驱动器接收到一个脉冲信号，它就驱动步进电机按设定的方向转动一个固定的角度（称为"步距角"），它的旋转是以固定的角度一步一步运行的。可以通过控制脉冲个数来控制角

位移量，从而达到准确定位的目的。同时可以通过控制脉冲频率来控制电机转动的速度和加速度，从而达到调速的目的。

步进电机按其励磁相数可分为三相、四相、五相、六相等；按其工作原理可分为反应式、永磁式和混合式三大类。

步进电机和生产机械的连接有很多种，常见的一种是步进电机和丝杠连接，将步进电机的旋转运动转变成工作台面的直线运动。

在这种应用中，关系运动直接后果的参数有以下几个。

N：PLC 发出的控制脉冲的个数。

n：步进电机驱动器的脉冲细分数（如果步进电机驱动器有脉冲细分驱动）。

θ：步进电机的步距角，即步进电机每收到一个脉冲变化轴所转过的角度。

d：丝杠的螺纹距，它决定了丝杠每转过一圈，工作台面前进的距离。

根据以上几个参数，可以得到以下结果。

PLC 发出的脉冲个数到达步进电机上，脉冲实际有效数应为 N/n，步进电机每转过一圈，需要的脉冲个数为 $360/\theta$，则 PLC 发出 N 个脉冲，工作台面移动的距离为：

$$L=\frac{Nd\theta}{360n}$$

式中，d 为步进电机驱动器的脉冲细分数，θ 为步进电机的步距角。

PLC 要和步进电机配合实现运动控制，还需要在 PLC 内部进行一系列设定，或者是编制一定的程序。不同的 PLC 类型所要编制的程序不同，控制字也不同，参考其说明书就可以知道这种差异。另外，步进电机控制是要用高速脉冲控制的，所以 PLC 必须是可以输出高速脉冲的晶体管输出形式，不可以使用继电器输出形式的 PLC 来控制步进电机。

4.2.2 步进电机驱动系统的基本组成

为了驱动步进电机，必须由一个决定电机速度和旋转角度的脉冲发生器（在该立体仓库控制系统中采用 PLC 作脉冲发生器进行位置控制）、一个使电机绕组电流按规定次序通断的脉冲分配器、一个保证电动机正常运行的功率放大器，以及一个直流功率电源等组成驱动系统，如图 4-9 所示。

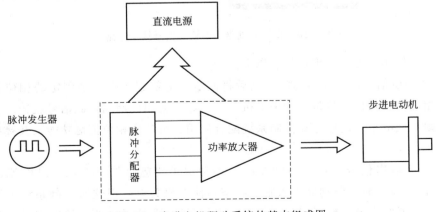

图 4-9 步进电机驱动系统的基本组成图

4.2.3 步进电机的选择

在选择步进电机时，首先考虑的是步进电机的类型选择，其次才是具体的品种选择。根据系统要求，确定步进电机的电压值、电流值以及有无定位转矩和使用螺栓机构的定位装置，从而就可以确定步进电机的相数和拍数。

在进行步进电机的品种选择时，要综合考虑速比 i、轴向力 F、负载转矩 T_1、额定转矩 T_N 和运行频率 f_y，以确定步进电机的具体规格和控制装置。

4.2.4 步进电机驱动器的原理与选择

（1）步进电机驱动器的选择

步进电机的运行要有一电子装置进行驱动，这种装置就是步进电机驱动器，它是把控制系统发出的脉冲信号转化为步进电机的角位移，或者说，控制系统每发一个脉冲信号，通过驱动器就使步进电机旋转一步距角。所以步进电机的转速与脉冲信号的频率成正比。

所有型号驱动器的输入信号都相同，共有三路信号，它们是步进脉冲信号 CP、方向电平信号 DIR、脱机信号 FREE（此端为低电平有效，这时电机处于无力矩状态；此端为高电平或悬空不接时，此功能无效，电机可正常运行）。它们在驱动器内部的接口电路都相同，见图 4-10。OPTO 端为三路信号的公共端，三路输入信号在驱动器内部接成共阳方式，所以 OPTO 端须接外部系统的 VCC，如果 VCC 是＋5V，则可直接接入；如果 VCC 不是＋5V，则须外部另加限流电阻 R，保证给驱动器内部光耦提供 8～15mA 的驱动电流。外围提供电平为 24V，而输入部分的电平为 5V，所以须外部另加 1.8kΩ 的限流电阻 R。

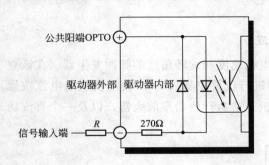

信号幅值	外接限流电阻 R
5V	不加
12V	880Ω
24V	1.8kΩ

图 4-10　步进电机驱动器输入信号接口电路

步进电机驱动器的输出信号有以下两种。

① 初相位信号。驱动器每次上电后将使步进电机起始在一个固定的相位上，这就是初相位。初相位信号是指步进电机每次运行到初相位期间，此信号就输出为高电平，否则为低电平。此信号和控制系统配合使用，可产生相位记忆功能，其接口如图 4-11 所示。

② 报警输出信号。每台驱动器都有多种保护措施（如过电压、过电流、过温等）。当保护发生时，驱动器进入脱机状态，使电机失电，但这时控制系统可能尚未知晓。如要通知系统，就要用到"报警输出信号"。此信号占两个接线端子，此两端

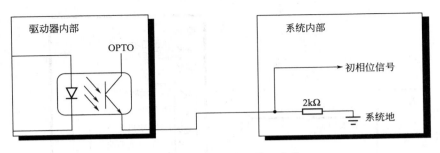

图 4-11　初相位信号接口电路

为一继电器的常开点，报警时触点立即闭合。驱动器正常时，触点为常开状态。触点规格：DC24V/1A 或 AC110V/0.3A。

一般来说，对于两相 4 根线电机，可以直接和驱动器相连，如图 4-12 所示。

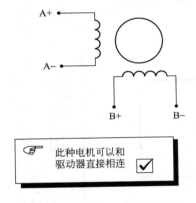

图 4-12　电机与驱动器接线图

以 SH 系列步进电动机驱动器（型号为 SH-2H057）为例，主要由电源输入部分、信号输入部分、输出部分组成。SH-2H057 步进电动机驱动器采用铸铝结构，主要用于小功率驱动器。这种结构为封闭的超小型结构，本身不带风机，其外壳即为散热体，所以使用时要将其固定在较厚、较大的金属板上或较厚的机柜内，接触面之间要涂上导热硅脂，在其旁边加一个风机也是一种较好的散热办法。

此步进电机驱动器的电气技术数据如表 4-2 所示。

表 4-2　电气技术数据表

驱动器型号	相数	类别	细分数通过拨位开关设定	最大相电流开关设定	工作电源
SH-2H057	两相或四相	混合式	两相八拍	3.0A	一组直流 DC（24～40V）

（2）步进电机驱动器接线

示意图如图 4-13 所示。

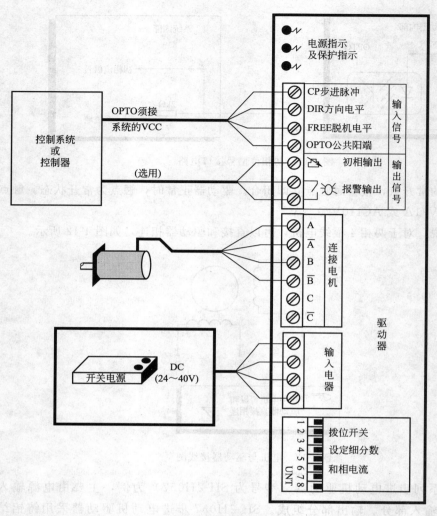

图 4-13 步进电机驱动器接线示意图

（3）步进电机驱动器细分数和电机相电流的设定

① 细分数的设定。步距角表示控制系统每发一个步进脉冲信号，电机所转动的角度。SH 系列驱动器是靠驱动器上的拨位开关来设定细分数的，只需根据面板上的提示设定即可。在系统频率允许的情况下，应尽量选用高细分数。

对于两相步进电机，细分后电机的步距角等于电机的整步步距角除以细分数。例如，细分数设定为 40、驱动步距角为 $0.9°/1.8°$ 的电机，其细分步距角为 $1.8 \div 40 = 0.045$。可以看出，步进电机通过细分驱动器的驱动，其步距角变小了，如驱动器工作在 40 细分状态时，其步距角只为电机固有步距角的 1/10，也就是说：当驱动器工作在不细分的整步状态驱动上例的电机时，控制系统每发一个步进脉冲，电机转动 $1.8°$；而用细分驱动器工作在 40 细分状态时，电机只转动了 $0.045°$，这就是细分的基本概念。细分功能完全是由驱动器靠精确控制电机的相电流所产生的，与电机无关。

驱动器细分后，将对电机的运行性能产生质的飞跃，但是这一切都是由驱动器本身产生的，和电机及控制系统无关。在使用时，唯一需要注意的一点是步进电机步距角的改变，将对控制系统所发出的步进信号的频率有影响，因为细分后步进电机的步距角将变小，要求步进信号的频率要相应提高。

驱动器细分后的主要优点如下。

a. 完全消除了电机的低频振荡。低频振荡（约在200Hz左右）是步进电机的固有特性，而细分是消除它的唯一途径。如果步进电机有时要在共振区工作（如走圆弧），选择细分驱动器是唯一的选择。

b. 提高了电机的输出转矩。尤其是对三相反应式电机，其力矩比不细分时提高约30％～40％。

c. 提高了电机的分辨率。由于减小了步距角，提高了步距的均匀度，"提高电机的分辨率"是不言而喻的。

以上这些优点，尤其是在性能上的优点，并不是一个量的变化，而是质的飞跃，所以最好选用细分驱动器。在没有细分驱动器时，用户主要靠选择不同相数的步进电机来满足自己步距角的要求。但现在的情况不同了，细分驱动器的出现改变了这种观念，用户只需在驱动器上改变细分数，就可以改变步距角。

② 电机相电流的设定。SH系列驱动器是靠驱动器上的拨位开关来设定电机的相电流，只需根据面板上的电流设定表格进行设定。

（4）步进电机驱动器指示灯说明

驱动器的指示灯共有两种：电源指示灯（绿色或黄色）和保护指示灯（红色）。当任一保护发生时，保护指示灯变亮。

（5）步进电机驱动器电源接口

对于超小型驱动器（SH-2H057、SH-3F075、SH-2H057M、SH-3F075M），采用一组直流供电DC（24～40V），注意正负极不要接错。此电源可以由一变压器变压后加整流滤波（无需稳压）组成，或者由一开关电源提供。因为PLC需要采用开关式稳压电源供电，所以在设计中电源应选用开关式稳压电源，如图4-14所示。

开关电源供电，适用于：SH-2H057M、
SH-3F067M、SH2H057、SH-2H075型

图4-14　开关电源示意图

不同的步进电机驱动器需配合适当的PLC，原则是使PLC的输出高速脉冲可以传输到步进电器驱动器内部。在图4-14中，步进电机驱动器的输入信号采取的是公

共阳极，则PLC就应当采用NPN晶体管输出类型。如果步进电机驱动器的输入信号采取的是公共阴极，则PLC就应当采用PNP晶体管输出类型的。

4.2.5　PLC控制步进电机

脉冲输出指令（PLC）检测为脉冲输出（Q0.0或Q0.1）设置的特殊存储器位，然后激活由特殊存储器位定义的脉冲操作。

操作数：Q常数（0或1）

数据类型：字

脉冲输出范围：Q0.0到Q0.1

形式如图4-15所示。

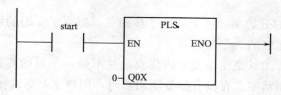

图4-15　高速脉冲输出梯形图

S7-200的CPU有两个PTO/PWM发生器产生高速脉冲串和脉冲宽度可调的波形。一个发生器分配在数字输出Q0.0，另一个分配在数字输出Q0.1。

PTO/PWM发生器和寄存器共同使用Q0.0和Q0.1。当Q0.0或Q0.1设定为PTO或PWM功能时，PTO/PWM发生器控制输出，在输出点禁止使用通用功能。映像寄存器的状态、输出强置或立即输出指令的执行都不影响输出波形。当不使用PTO/PWM发生器时，输出由映像寄存器控制。映像寄存器决定输出波形的初始和结束状态，以高电平或低电平产生波形的起始和结束。因此在允许PTO或PWM操作前把Q0.0和Q0.1的映像寄存器设定为0。

PTO输出方波（占空比50%），并可指定所输出的脉冲数量（1～4 294 967 295）和周期（以微秒或毫秒为单位）。脉冲序列输出（PTO）功能可以编程为产生一列脉冲或产生由多个脉冲序列组成的脉冲包络。在脉冲包络操作方式中，PTO功能被编程为控制一个步进电机运行一个简单的斜坡上升、运行和斜坡下降操作序列或更复杂的操作序列。

PWM功能提供具有可变占空比的固定周期的输出脉冲，周期和脉宽既可以用微秒又可以用毫秒为单位。当脉宽等于周期时，占空比为100%，输出恒定为1；当脉宽等于0时，占空比为0，输出恒定为0。

每个PTO/PWM发生器有一个控制字节，16位无符号的周期时间值和脉宽值各一个，还有一个32位无符号的脉冲计数值。这些值全部存储在指定的特殊存储器中，一旦这引起特殊存储器的位被置成所需操作，可通过执行脉冲指令（PLC）来调用这些操作。修改特殊寄存器（SM）区（包括控制字节），然后执行PLC指令，可以改变PTO或PWM特性。把PTO/PWM控制字节（SM66.7或SM77.7）的允许位置为0，并执行PLC指令，可以在任何时候禁止PTO或PWM波形的产生。

所有的控制字节、周期、脉冲宽度和脉冲数的缺省值都是 0。

PTO 提供指定脉冲个数的方波（50%占空比）脉冲串发生功能。周期可以用微秒或毫秒为单位指定。周期的范围是 $50\sim65\,535\mu s$ 或 $2\sim65\,535ms$。如果设定的周期是奇数，会引起占空比的一些失真。脉冲数的范围是 $1\sim4\,294\,967\,295$。

如果周期时间少于两个时间单位，就把周期缺省的设定为两个时间单位。如果指定脉冲数为 0，就把脉冲数缺省的设定为一个脉冲。

状态字节中的 PTO 空闲位（SM66.7 或 SM76.7）用来指示可编程序脉冲串完成。另外，根据脉冲串的完成，调用中断程序。如果使用多段操作，根据包络表 C 的完成调用中断程序。下面的多段管线。

PTO 功能允许脉冲串排队。当激活的脉冲串完成时，立即开始新脉冲的输出，这保证了顺序输出脉冲串的连续性。

有两种方法完成管线：单段管线和多段管线。

① 单段管线。在单段管线中，需要为下一个脉冲串更新特殊寄存器。一旦启动了起始 PTO 段，就必须立即按照第二个波形的要求改变特殊寄存器，并再次执行 PLS 指令。第二个脉冲串的属性在管线中一直保持到第一个脉冲串发送完成。在管线中一次只能存入一个入口，一旦第一个脉冲串发送完成，接着输出第二个波形，管线可以用于新的脉冲串。重复这个过程设定下一个脉冲串的特性。

② 多段管线。在多段管线中，CPU 自动从 V 存储器区的包络表中读出每个脉冲串段的特性。在该模式下，仅使用特殊寄存器区的控制字节和状态字节。选择多段操作，必须装入包络表 C 的起始 V 存储器的偏移地址（SMW168 或 SMW178）。时间基准可以选择微秒或者毫秒，但是，在包络表 C 中的所有周期值必须使用一个基准，而且当包络执行时，不能改变。多段操作可以用 PLS 指令启动。

4.2.6 PTO/PWM 控制寄存器

PLS 指令读取存储在指定的 SM 内存位置的数据，并以此为 PTO/PWM 发生器编程。SMB67 控制 PTO0 或 PWM0，SMB77 控制 PTO1 或 PWM1。PTO/PWM 控制寄存器表描述用于控制 PTO/PWM 操作的寄存器。可以将表 4-2 用作快速参考，帮助确定放置在 PTO/PWM 控制寄存器中用于激活所需操作的数值。

可以改变 PTO 或 PWM 信号波形的特征，方法是修改 SM 区（包括控制字节）中的位置，然后执行 PLS 指令。也可以在任何时间禁止 PTO 或 PWM 信号波形的生成，方法是向控制字节（SM67.7 或 SM77.7）的 PTO/PWM 启用位写入 0，然后执行 PLS 指令。

PTO 状态字节表如表 4-3 所示，PTO/PWM 控制字节表如表 4-4 所示，PTO/PWM 其他控制字节表如表 4-5 所示。

表 4-3　PTO 状态字节表

Q0.0	Q0.1	说　明	状态位
SM66.4	SM76.4	PTO 轮廓由于计算错误异常中止	0＝无错；1＝异常中止
SM66.5	SM76.5	PTO 轮廓由于用户命令异常中止	0＝无错；1＝异常中止

Q0.0	Q0.1	说　明	状态位
SM66.6	SM76.6	PTO 管线溢出/下溢	0＝无溢出;1＝溢出/下溢
SM66.7	SM76.7	PTO 空闲	0＝进行中;1＝PTO 空闲

表 4-4　PTO/PWM 控制字节表

Q0.0	Q0.1	说　明	控制位
SM67.0	SM77.0	PTO/PWM 更新周期值	0＝无更新;1＝更新周期
SM67.1	SM77.1	PWM 更新脉宽时间值	0＝无更新;1＝更新脉宽
SM67.2	SM77.2	PTO 更新脉冲计值	0＝无更新;1＝更新脉冲计数
SM67.3	SM77.3	PTO/PWM 选择	0＝1μs/tick;1＝1ms/tick
SM67.4	SM77.4	PWM 更新方法	0＝异步更新;1＝同步更新
SM67.5	SM77.5	PTO 操作	0＝单段操作;1＝多段操作
SM67.6	SM77.6	PTO/PWM 模式选择	0＝选择 PTO;1＝选择 PWM
SM67.7	SM77.7	PTO/PWM 启用	0＝禁用 PTO/PWM;1＝启用 PTO/PWM

表 4-5　PTO/PWM 其他控制字节表

Q0.0	Q0.1	其他 PTO/PWM 控制寄存器
SMW68	SMW78	PTO/PWM 周期值(范围:2~65 536)
SMW70	SMW80	PWM 脉冲宽度值(范围:0~65 536)
SMD72	SMD82	PTO 脉冲计数值(范围:1~4 294 967 295)
SMB166	SMB176	进行中的段数(仅用在多段 PTO 操作中)
SMW168	SMW178	包络表的起始位置,用从 V0 开始的字节偏移表示(仅用在多段 PTO 操作中)

　　状态字节中的 PTO 空闲位（SM66.7 或 SM76.7）表示编程脉冲串已完成。此外，可在脉冲串完成时激活中断例行程序（请参阅中断指令说明和"通信"指令。）如果使用多段操作，在轮廓表完成时激活中断例行程序。

4.2.7　传统编程方法

　　PWM 初始化和操作顺序建议使用"首次扫描"位（SM0.1）初始化脉冲输出。使用"首次扫描"位调用初始化子程序，可降低扫描时间，因为随后的扫描无需调用该子程序。但是，应用程序可能有其他限制，要求初始化（或重新初始化）脉冲输出。在此种情况下，可以使用另一个条件调用初始化例行程序。

　　从主程序建立初始化子程序调用后，用以下步骤建立控制逻辑，用于在初始化子程序中配置脉冲输出 Q0.0。

　　PWM 方式编写程序流程图如图 4-16 所示。

　　PWM 方式编写程序梯形图如图 4-17 所示。

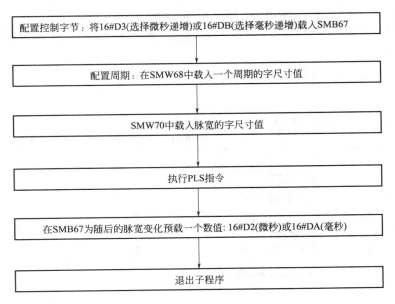

图 4-16　PWM 方式编写程序流程图

4.2.8　使用位控向导编程

STEP7 V4.0 软件的位控向导能自动处理 PTO 脉冲的单段管线和多段管线、脉宽调制、SM 位置配置和创建包络表。

举一个简单工作任务例子，阐述使用位控向导编程的方法和步骤。表 4-6 是实现步进电机运行所需的运动包络。

表 4-6　步进电机运行的运动包络

运动包络	站点	脉冲数	移动方向
1	1 站到 2 站 470mm	85 600	—
2	2 站到 3 站 470mm	52 000	—
3	3 站到 4 站 470mm	42 700	—
4	4 站返回 925mm	16 800	DIR
5	低速回零	单速返回	DIR

使用位控向导编程的步骤如下。

① 为 S7-200PLC 选择选项组态置 PTO/PWM 操作。

在 STEP7 V4.0 软件命令菜单中选择"工具"→"位置控制向导"命令并选择"配置 S7-200 PLC 内置 PTO/PWM 操作"单选按钮，如图 4-18 所示。

② 单击"下一步"按钮选择 Q0.0，再单击"下一步"按钮选择"线性脉冲串输出（PTO）"选项，如图 4-19 所示。

网络1　　　　　　　单段主程序(PTO)　　用于单段脉冲串操作的主程序(PTO)

```
SM0.1    Q0.0
─┤├──────( R )          首次扫描时,将映像寄存器位设为低并调用子程序0
          1
         ┌──────┐
         │ SBR_0│
        ─┤EN    │
         └──────┘
```

网络1　　　　　　　子程序0的起始　　　子程序0开始

```
SM0.0          ┌──────────┐
─┤├────────────┤MOV_B     │          设置控制字节:选择PTO操作、选择单段操作、
               │EN    ENO ├─►         选择毫秒增加、设置脉冲计数和周期数值、启用PTO
               │          │           功能
        16#8D ─┤IN   OUT ├─ SMB67
               └──────────┘
               ┌──────────┐
               │MOV_W     │
               │EN    ENO ├─►
               │          │          将周期设为500ms
        +500  ─┤IN   OUT ├─ SMW68
               └──────────┘
               ┌──────────┐
               │MOV_DW    │
               │EN    ENO ├─►
               │          │          将脉冲计数设为4次脉冲
         +4   ─┤IN   OUT ├─ SMD72
               └──────────┘

               ┌──────────┐
               │ATCH      │
               │EN    ENO ├─►         将中断例行程序0定义为处理PTO完成中断的中断
    INT_0:INT0─┤INT       │
         19   ─┤EVNT      │
               └──────────┘
             ─( ENI )                 全局中断启用

               ┌──────────┐
               │PLS       │
               │EN    ENO ├─►         激活PTO操作, PLS0=>Q0.0
          0   ─┤Q0.X      │
               └──────────┘
               ┌──────────┐
               │MOV_B     │
               │EN    ENO ├─►         预载控制字节,用于随后的周期改动
        16#89 ─┤IN   OUT ├─ SMB67
               └──────────┘
```

网络1　　　　　　　中断0的起始　　　　中断0开始

```
SMW68          ┌──────────┐
─┤==I├─────────┤MOV_W     │          如果当前周期为500ms,将周期设为
 +500          │EN    ENO ├─►         1000ms,并生成4次脉冲
        +1000 ─┤IN   OUT ├─ SMW68
               └──────────┘
               ┌──────────┐
               │PLS       │
               │EN    ENO ├─►
          0   ─┤Q0.X      │
               └──────────┘
             ─( RET1 )
```

网络2　　　　　　　如果电流周期为1000ms

```
SMW68          ┌──────────┐
─┤==I├─────────┤MOV_W     │          如果当前周期为1000ms;
 +1000         │EN    ENO ├─►
               │          │          将周期设为500ms,并生成4次脉冲
        +500  ─┤IN   OUT ├─ SMW68
               └──────────┘
               ┌──────────┐
               │PLS       │
               │EN    ENO ├─►
          0   ─┤Q0.X      │
               └──────────┘
```

图 4-17　PWM 方式编写程序梯形图

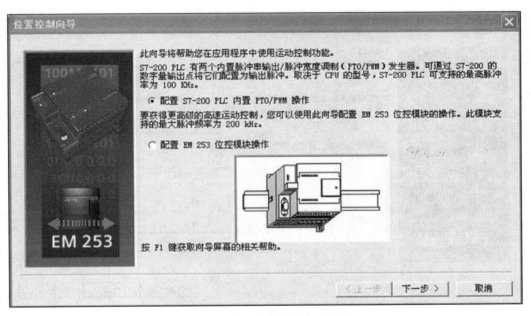

图 4-18 位置控制向导启动界面

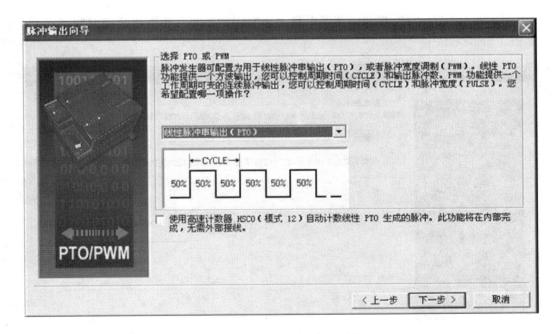

图 4-19 选择 PTO 或 PWM

③ 单击"下一步"按钮后,在对应的编辑框中输入 MAX＿SPEED 和 SS＿SPEED 的值。输入最高电机速度"90000",把电机启动/停止速度设定为"600"。这时,如果单击 MIN＿SPEED 值对应的灰色框,可以发现 MIN＿SPEED 值改为 600。注意:MIN＿SPEED 值由计算得出,用户不能在此文本框中输入其他数值,如图 4-20 所示。

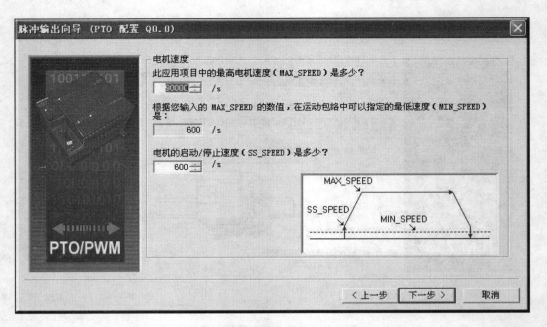

图 4-20　配置电机速度参数

④ 单击"下一步"按钮，填写电机加速时间"1500"和电机减速时间"200"，如图 4-21 所示。

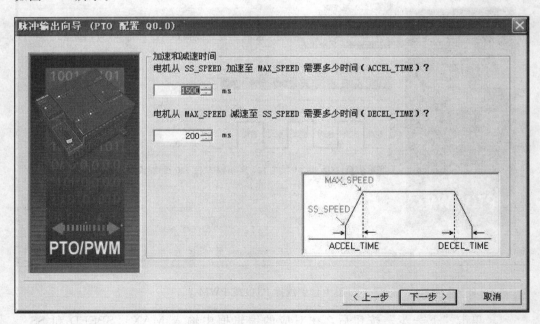

图 4-21　设定加速和减速时间

⑤ 接下来一步是配置运动包络界面，如图 4-22 所示。

该界面要求设定操作模式、1 个步的目标速度、结束位置等步的指标，以及定义这一包络的符号名（从第 0 个包络第 0 步开始）。

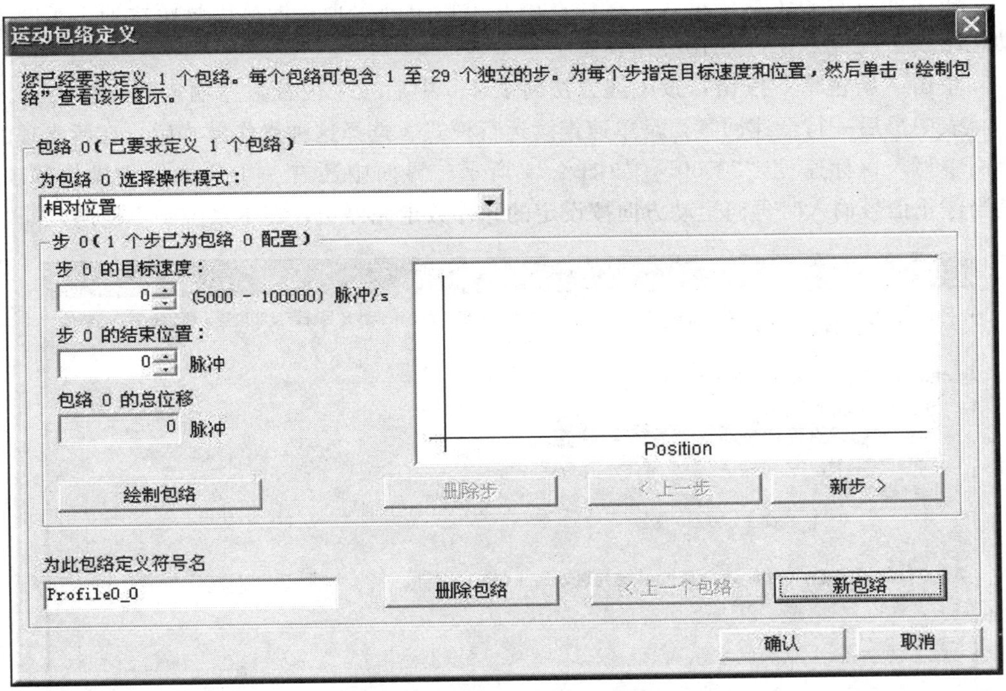

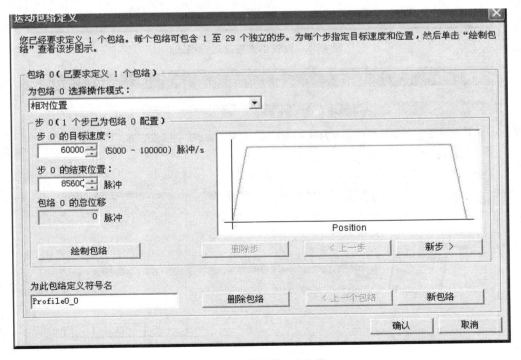

图 4-22　配置运动包络界面

在操作模式选项中选择相对位置控制，填写包络 "0" 中数据目标速度 "60000"，结束位置 "85600"，单击 "绘制包络" 按钮，如图 4-23 所示。注意，这个包络只有 1

图 4-23　设置第 0 个包络

步。包络的符号名按默认定义。这样，第 0 个包络的设置，即从供料站→加工站的运动包络设置就完成了。现在可以设置下一个包络。

单击"新包络"按钮，按上述方法将表 4-6 中后三个位置数据输入到包络中去。

表中最后一行低速回零，是单速连续运行模式。选择这种操作模式后，在所出现的界面中写入目标速度"20000"，如图 4-24 所示。界面中还有一个包络停止操作选项，是当停止信号输入时再向运动方向按设定的脉冲数走完停止，在本系统中不使用。

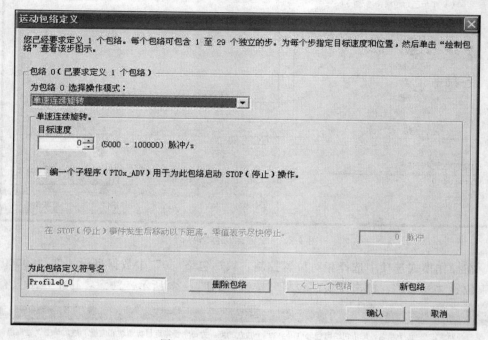

图 4-24　设置单速连续运行模式

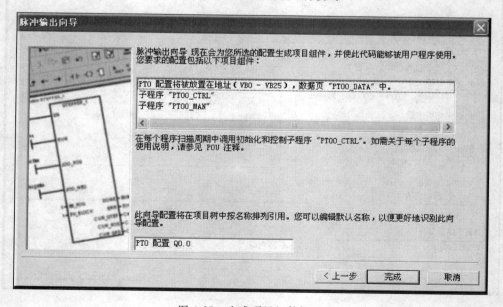

图 4-25　生成项目组件提示

⑥ 运动包络编写完成后单击"确认"按钮，向导会要求为运动包络指定 V 存储区地址（建议地址为 VB75～VB300）。默认这一建议，单击"下一步"按钮，单击"完成"按钮，如图 4-25 所示。

4.2.9 行走机械手介绍

本项目中使用的行走机械手由步进电机带动传送带进行控制，使机械手在导轨中可以进行左右方向的运动，导轨两端设置有限位开关。其外形结构如图 4-26 所示。

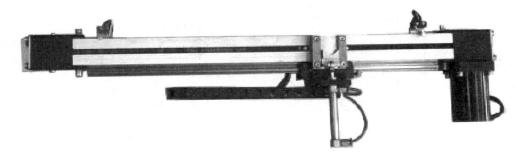

图 4-26 行走机械手外形结构图

4.2.10 项目工作任务描述

学生根据行走机械手的控制要求，选择所需元器件和工具，完成线路安装和 PLC 外部接线，编写输入输出分配表，编写程序与调试。

4.2.11 项目实施过程

各小组按计划完成步进电机的手动操作和程序控制操作，实施控制电路接线、编程和调试。

① 手动控制步进电机，实现正反转。

a. 制订控制方案。

为了控制步进电机，需要利用高速脉冲输出功能。每个 CPU 有两个 PTO 发生器，通过 Q0.0、Q0.1 输出高速脉冲列。

每个 PTO 生成器有一个 9 位的控制字节，一个 16 位无符号的周期值或脉冲宽度值，以及一个无符号 32 位脉冲计数值。这些值全部存储在指定的特殊存储器区，它们被设置好，通过执行脉冲输出指令（PLS）来启动操作。PLC 指令使 S7-200 读取 SM 位，并对 PTO 发生器进行编程。

针对题目要求，设置系统如表 4-7 所示。

表 4-7 I/O 分配表

输入接口		
PLC 端口	按钮	注释
I0.4	SB1	电机正转
I0.5	SB2	电机反转

输出接口		
PLC端口	步进电机端口	注释
Q0.0	脉冲	PLC脉冲输出
Q0.2	方向	脉冲方向控制信号

b. 绘制PLC外部接线图如图4-27所示，编写程序如图4-28所示。

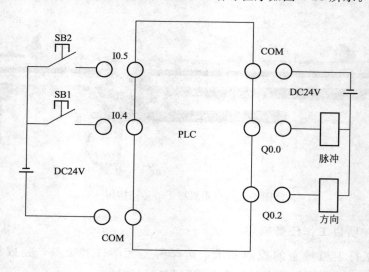

图4-27　步进电机正反转外部接线图

当触点I0.4闭合时，将16#85传送给SMB67，可更新周期值和脉冲数，时间基准时间单位为1μs，允许PTO输出，PTO操作为单段操作。

传送5000给SMW68，即PTO周期为5000μs，故脉冲频率为200Hz；传送1给SMD72，每个包络线输出1个脉冲，执行PLS指令可来启动正转操作。

当触点I0.5闭合时，输出频率为200Hz，包络线输出1个脉冲，同时方向控制信号Q0.2置为1，执行PLS指令可启动反转操作。

② 手动示教步进运行。可从外部输入脉冲数值，并能实现正反转运行。运行所走的路线按照如图4-29所示包络线控制电机运行。

a. 制订控制方案。图4-29中的数值表明运行的脉冲总数为1000个脉冲，启动频率为500Hz，最大脉冲频率为1000Hz，这要求PTO发生器包括三段管线，由于包络表中的值是用周期而不是用频率表示的，需要将频率值转换成周期值。

起始周期为2000μs，最高频率为1000μs，则对于第一段包络线来说，脉冲发生器调整脉冲周期的增量值：

$$周期的增量值＝(1000-2000)/110＝-9μs/周期$$

这样对于第一段包络线来说，其初始周期为2000μs，每个脉冲的周期增量-9μs/周期，脉冲数值为110个。

对于第二段包络线来说，其初始周期为1000μs，由于电机恒速运行，每个脉冲的周期增量为 0，脉冲个数为 780 个。

对于第三段包络线来说，其初始周期为 $1000\mu s$，由于减速斜率与加速斜率大小相等，方向相反，故其周期增量为 $9\mu s/$周期，脉冲个数为 110 个。

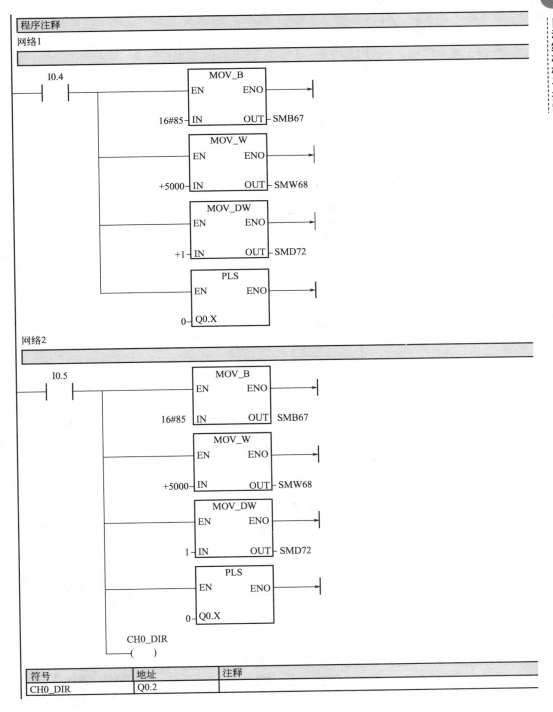

图 4-28　手动控制步进电机正反转梯形图

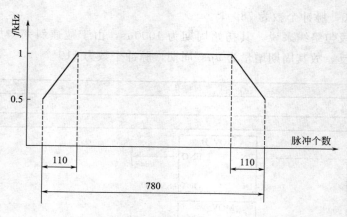

图 4-29　包络线图

根据上述计算，可得出多段 PTO 的包络表如表 4-8 所示。

表 4-8　多段 PTO 包络表

从包络表开始的字节偏移	包络段数	数据	描　　述
0		3	段数，如果为 0 将产生错误，无 PTO 输出
1		2000	初始周期
3	1	－9	每个脉冲的周期增量
5		110	脉冲数
9		1000	初始周期
11	2	0	每个脉冲的周期增量
13		780	脉冲数
17		1000	初始周期
19	3	9	每个脉冲的周期增量
21		110	脉冲数

系统的 I/O 分配表如表 4-9 所示。

表 4-9　系统的 I/O 分配表

输　入　接　口		
PLC 端口	按钮	注释
I0.0	SB1	示教走行距离（加）
I0.1	SB2	启动步进电机
I0.2	SB3	停止步进电机
I0.3	SB4	示教走行距离（减）
输　出　接　口		
PLC 端口	步进电机端口	注释
Q0.0	脉冲	PLC 脉冲输出
Q0.2	方向	脉冲方向控制信号

b. 绘制 PLC 外部接线图如图 4-30 所示，编写程序如图 4-31 所示。

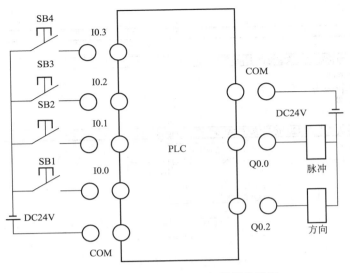

图 4-30　手动示教步进电机外部接线图

主程序

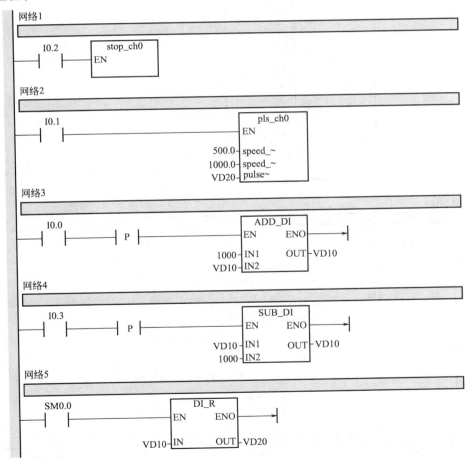

图 4-31

子程序 1（脉冲输出）

网络1

当脉冲数与设定值一致性返回主程序

```
#pulse_nu0
 ┤==R├        （ RET ）
VD4200
```

网络2

设定脉冲值减去VD4200传送给AC0AC0为当前应走脉冲值

```
SM0.0                    ┌─────SUB_R─────┐
 ┤ ├──────────┬──────────┤EN        ENO├───
             │          │              │
             │          │           OUT├─AC0
             │  #pulse_nu0─┤IN1         │
             │    VD4200─┤IN2          │
             │          └──────────────┘
             │
             │          ┌─────MOV_R─────┐
             └──────────┤EN        ENO├───
                        │              │
             #pulse_nu0─┤IN        OUT├─VD4200
                        └──────────────┘
```

网络3

纲量转换把mm转换成脉冲数量

```
SM0.0                    ┌─────DIV_R─────┐
 ┤ ├──────────┬──────────┤EN        ENO├───
             │          │              │
             │    AC0──┤IN1       OUT├─#pulse_temp
             │    1.0──┤IN2          │
             │          └──────────────┘
             │
             │          ┌─────ROUND─────┐
             ├──────────┤EN        ENO├───
             │          │              │
             │#pulse_temp─┤IN       OUT├─#pulse_temp1
             │          └──────────────┘
             │
             │          ┌──────DI_R─────┐
             └──────────┤EN        ENO├───
                        │              │
            #pulse_temp1─┤IN       OUT├─AC0
                        └──────────────┘
```

网络4

设置方向标志位AC2为实际走行距离

```
 AC0        Q0.2
 ┤<R├──────┬──（ RI ）
 0.0       │     1
          │
          │            ┌─────MUL_R─────┐
          │            ┤EN        ENO├───
          │            │              │
          │      −1.0──┤IN1       OUT├─AC2
          │       AC0──┤IN2          │
          │            └──────────────┘
          │
          └──┤NOT├──┬──┌─────MOV_R─────┐
             │       │  ┤EN        ENO├───
             │       │  │              │
             │       AC0─┤IN        OUT├─AC2
             │          └──────────────┘
             │
             │   CH0_DIR
             └──（ SI ）
                   1
```

符号	地址	注释
CH0_DIR	Q0.2	

图 4-31

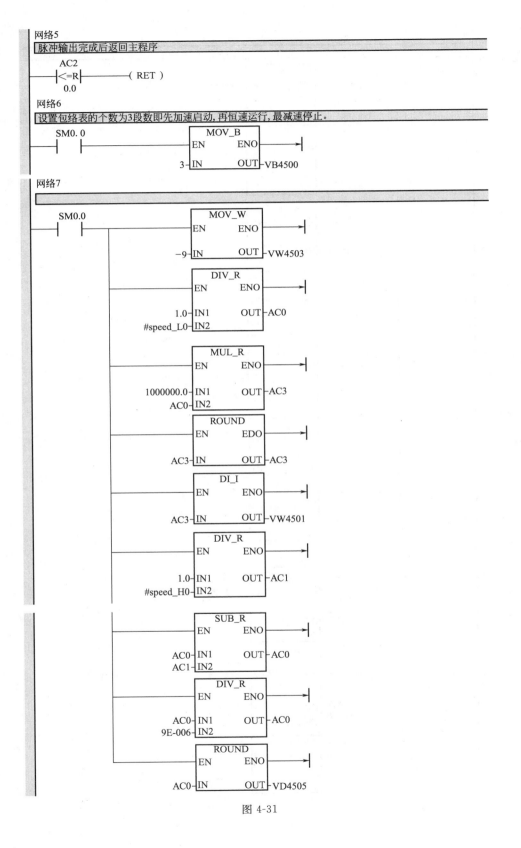

图 4-31

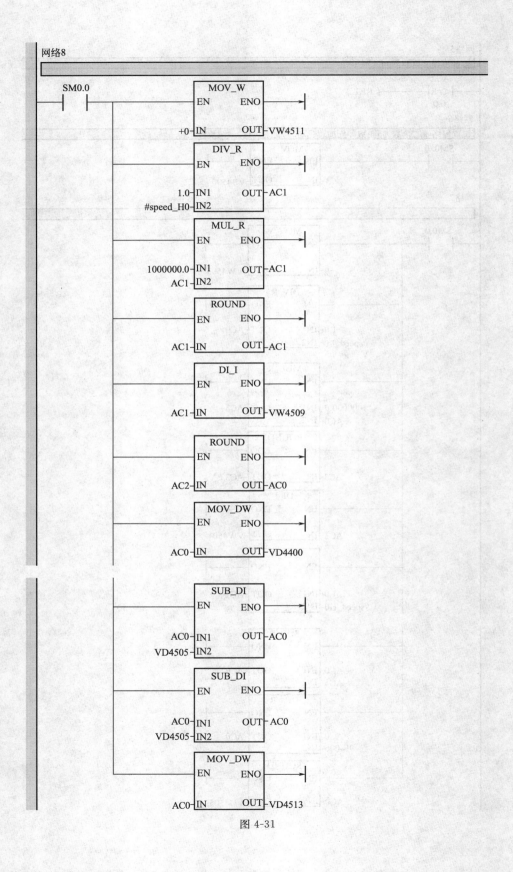

图 4-31

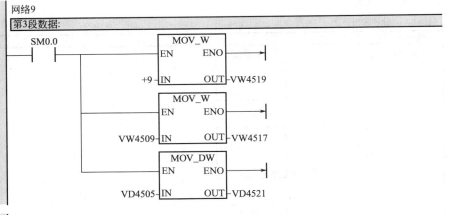

网络9

第3段数据:

网络10

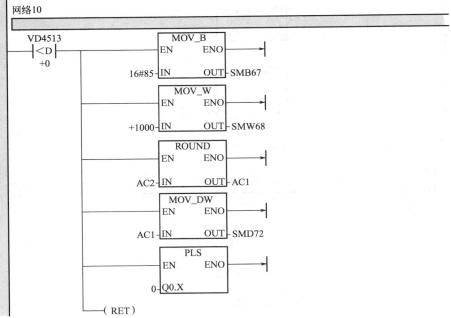

网络11 网络标题

网络注释

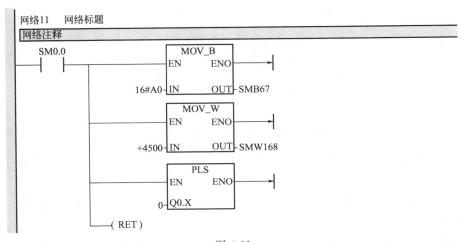

图 4-31

子程序 2（停止脉冲）

网络1　　脉冲输出停止

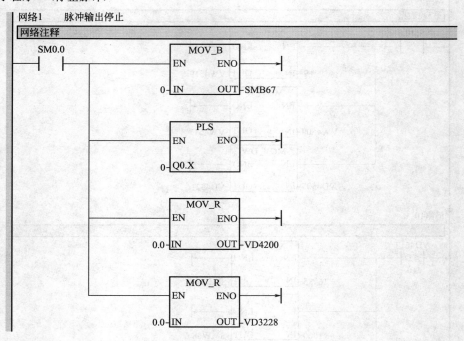

子程序 3（当意外产生时，系统自动回到原点）

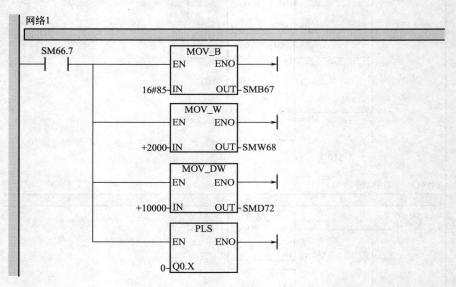

图 4-31　手动示教步进电机梯形图

　　为了实现实验要求，程序块中包含 4 个程序：主程序、子程序 1、子程序 2、子程序 3。

　　主程序主要是为了构建系统运行的框架。下面首先介绍子程序的设计过程。

子程序 1

　　子程序 1 是整个程序设计的核心，用于 PLC 发出三段包络线的脉冲。由前面的计算过程可知，对于给定了起始频率、运行频率以及行程的包络线，可以根据公式计算出频率上升的斜率。基于此原则，子程序是假定外部给定三个变量：起始频率、运行频率、脉冲数（即行程），计算出各段运行脉冲数。

网络 2 中用于将步进电机的当前脉冲值存储于 VD4200 中，通过运算得出设定值与当前脉冲值的差值 AC0，即为步进电机将要行走的距离。

网络 3 用于将实际行走距离转换成脉冲数量，通过直接外部输入工程坐标值，系统就可以将其转换成实际运行脉冲值。在本例中，由于要求的脉冲数，故其当量值为 1。

网络 4 是实现电机正反转操作。当步进电机的距离为正值时，方向信号 Q0.2 为正，电机向左运行，同时将行走距离直接传送给 AC2；当步进电机的距离为负值时，方向信号 Q0.2 复位，电机向右运行，同时将行走距离取反后直接传送给 AC2。

网络 7、8、9 是用于将包络表传送给系统相应的存储区。

网络 7 用于传送第一段包络线。首先根据前面的计算公式得出周期增量为 -9，传送给 VW4503，然后将公式进行反推，可以从周期增量算出所走的脉冲数，这也是网络 7 计算的原则，最终计算出脉冲数值传送给 VD4505，作为第一段包络线所走的距离。经过上面的计算可知，对于固定的加速率，每个起始频率、运行频率都一一对应于一个脉冲值。所以当系统给定了速度以后，其加速段所走的距离是一个定值。

网络 8 用于将第二包络表里面的数据传送给系统，由于恒速度运行，故其周期增量为 0。由前面可知，在加速段和减速段运行的脉冲值对于一个给定的系统是个定值，故将总共的脉冲数 P_v 减去加速段 P_u 和减速段 P_d 的数据就是在恒速运行区所走的脉冲值。基于此原则，网络 8 给出了计算过程，最终将差值 AC0 传送给 VD4513。

网络 9 用于将第三段包络表里面的数据传送给系统。由于加速区和减速区的脉冲值相同，只是周期增量的方向相反，故可将第一段的脉冲值传送给 VD4521，将第二段的初始周期传送给 VW4517，周期增量 VW4519 为 9。

网络 10 是为了避免因所行走距离过短导致意外产生而设计的。当脉冲总数 P_v 小于加速段和减速段的脉冲之和时，恒速区所走的脉冲值就是一个负值，导致系统运行不正常，故设定当 VD4513 小于 0 时，即恒速区的脉冲值为负时，采用单段 PTO 输出方式，速度恒为 1000Hz。

为了使包络表可用，在网络 11 中调用 PLS 指令，写入系统参数。

子程序 2

子程序 2 是用于停止脉冲输出，将 SMB67 的参数置为 0，即不启用脉冲输出，同时初始化系统参数，将步进电机的当前值 VD4200 清零。

子程序 3

子程序 3 是当管线已满时，如果试图装入脉冲列参数，状态寄存器中的 PTO 溢出位就会置为 1。如果检测到溢出，通过该程序将系统复位。

主程序

主程序是整个系统构成的框架，通过调用不同的子程序，完成控制要求。当触点 I0.0 每闭合一次时，脉冲个数的设定值从 0 开始增加 1000，当触点 I0.3 每闭合一次时，脉冲个数的设定值从当前值减少 1000。

当触点 I0.1 闭合时，调用子程序 1，启用 3 段包络线控制电机运行。

当触点 I0.2 闭合时，调用子程序 2，停止电机，复位系统。

完成控制要求。

4. 2. 12 项目小结

通过该项目的完成，学生能够重点掌握一般行走机械手控制线路的设计、安装、编程调试和检修。学生正确完成本次工作任务后，会实现根据机械手的控制要求设计控制方案，会选择步进电机级驱动元件安装控制回路，学会 PLC 中 PTO/PWM 方式编程的设计思路，掌握合理有效的工作方法，加强团队合作意识。

练习与思考

1. 步进电机的特性参数有哪些？
2. 步进电机驱动器如何设置？
3. PWM 和 PTO 控制方式有何区别？

第2篇

实 训 篇

第 5 章　实训理论篇

5.1　基本结构

5.1.1　实训桌

如图 5-1 所示，实训桌采用铝合金型材制作，桌面横向 T 形沟槽可供活动安装各类模块底座，桌脚安装万向轮方便移动，表面银色硬质氧化，具有轻便、美观等特点。

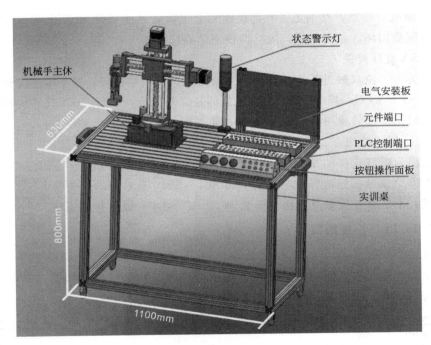

图 5-1　实训桌

5.1.2　按钮操作面板

按钮操作面板上集成了电源急停、PLC 电源开关、旋转切换开关 SA1/SA2、复位按钮开关 SB1～SB10（图 5-2），并将开关内部公共端集成相接，触点端开放至后方小面板以便使用。使用时只需挑选使用的相应开关，通过插线直接与控制器端口连接即可。

（1）电源急停按钮

是为了在应急情况下快速切断电源而设置。一般在不明原因错误的情况下按下，系统即可立刻断开电源。

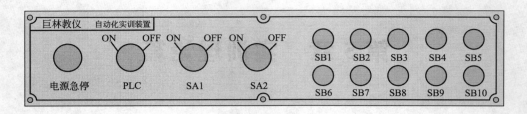

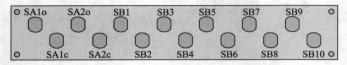

图 5-2　按钮操作面板

（2）PLC 电源开关

控制供给 PLC 电源的钥匙开关，在进行接线与需在硬件复位 PLC 时关闭该开关，PLC 断电。注意：在确定了外部接线完全正确后才能打开 PLC 电源，以防误接线造成控制器损坏。一旦出错，应立即按下急停按钮。

（3）SA 旋转开关

该开关为二位双触点开关，开关的一端与电源公共端相接，另一端连接至小面板中的 SA * O/SA * C，其中字母"O"代表的是常开触点，字母"C"代表的是常闭触点。使用时用连接导线与控制器接口连接即可。

（4）SB 复位按钮

该按钮为带灯式自动复位按钮，按下时触点接通，松开后触点断开。大面板中 SB1～SB10 为安装按钮位置，小面板中的 SB1～SB10 是对应的开关触点。

注意：不要将开关触点直接与电源"＋/－"相连，以免造成短路。

5.1.3　PLC 控制端口

面板是将控制器 PLC 的输入/输出端口对应地引接到面板中，面板中每个端口与 PLC I/O 点一一对应，使用时只要将外部的检测与执行部件信号线通过插线直接连接到面板中即可。PLC 控制端口如图 5-3 所示。

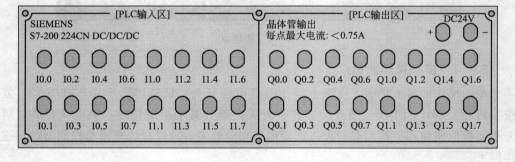

图 5-3　PLC 控制端口

面板对 S7-200 224CN PLC 输入/输出端口引出开放，I0.0～I1.7 口对应的是 PLC 输入接口 I0.0～I1.7，Q0.0～Q1.7 口对应的是 PLC 输出接口 Q0.0～Q1.7，系

统中输入端"1M"接外部电源"＋"极，输入"I"接收低电平信号，输出"Q"输出高电平信号，PLC 输出为晶体管输出在驱动较大负载时中转继电器，最大单触点电流应<0.75A。由于在系统的内部公共接线端已经连接，在使用时只需将外部元器件信号/控制端通过连接插线直接连接即可。

注意：PLC 输出接口"Q"不可与电源"＋/－"极直接连接，以防损坏 PLC 输出端。

5.1.4 元件端口

面板是将在机械手中所有使用到的输入/输出控制元器件信号端以编号形式引入面板中，使用时只需根据需要将它与控制器端口经连接插线连接即可。元件端口如图 5-4 所示。

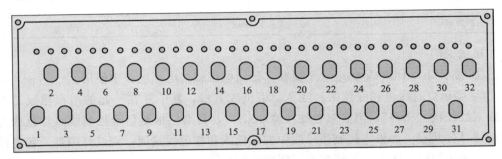

图 5-4 元件端口

面板对机械手检测与执行部件信号端口与控制端口集成开放，1＃～7＃为检测开关 A1～A7 信号输出端，8＃～11＃为限位开关 SQ1～SQ4 信号输出端，15＃～18＃为步进电机控制端口，20＃～23＃为中间断电器 KA1～KA4 控制端口。24＃～25＃为电磁阀控制端口，26＃～27＃为警示灯控制端口，28＃～30＃为旋转编码器控制端口。面板中各个元件信号/控制端在使用时只需与 PLC 通过连接插线连接即可。

注意：不要将电源线"＋/－"极直接连接到 A＊或 SQ＊开关中，如果有错可能会造成元器件短路损坏。

5.1.5 电气安装板

该处将安装设备控制器的主要元件，如电源总闸、电源指示、电源插头、直流电源、电机驱动器、中间继电器等重要元件，可直观看到每个器件的工作状况。

5.1.6 状态警示灯

警示灯采用外径 60mm 的标准型产品，有点亮和常亮型两个系列可供选择。指示灯与蜂鸣器可同步工作，也可独立工作。外壳采用优良性能的工业塑料，增强了耐用性、安全性，采用直交型棱镜设计，有较好的散光性。报警器采用底座式固定，特殊连接设计，具备了一定的抗震功能。光源类型采用发光二极管和白炽灯两种。可按实际需求，调整固定杆长度和结构层次，个体之间连接严紧，外形美观。警示灯可用于多种多样的机器及报警监视等各种警示监控场所。指示灯的技术参数如表 5-1 所示。

表 5-1 指示灯的技术参数

技术参数	参数值
工作环境温度	$-25\sim55℃$
空气相对湿度	$\leqslant98\%$
海拔高度	$\leqslant2000m$
耐振动性	$50Hz$,振幅约 $1.2mm$
连续工作时间	5000h(白炽灯常亮型) 3000h(白炽灯闪亮型) 40000h(LED灯常亮型) 25000h(LED灯闪亮型)
声压强度	$85\sim90dB(1m)$
污染等级	3 级
防护等级	IP42

接线说明

① 警示灯为 DC24V 供电，不要在其他超电压或欠电压电源中使用。

② 警示灯有绿色和红色两种颜色。引出线五根，其中并在一起的两根粗线是电源线（红线接"＋24"，黑红双色线接"GND"），其余三根是信号控制线（棕色线为控制信号公共端，如果将控制信号线中的红色线和棕色线接通，则红灯闪烁，若将控制信号线中的绿色线和棕色线接通，则绿灯闪烁）。

5.1.7 机械手主体

机械手主体如图 5-5 所示。

旋转编码器：用于检测主手底座旋转角度，与底座轴、电机（M1）轴同时由一条同步带传动，传动比为 1：1，所以编码器输出的旋转角度也是主手旋转的角度。

M1：主手架旋转电机，用于驱动主手架左右旋转。

M2：手爪旋转电机，用于驱动控制气动手爪来回旋转。

步进电机 1：用于驱动手上下来回移动。

步进电机 2：用于驱动手左右来回移动。

A1：霍尔式接近开关，用于检测手底转盘定零位。当霍尔开关检测到转盘中嵌入的磁铁时，表明机械手已旋转到零位。

A2：限位式接近开关，用于检测手底转盘向右转限位。当转盘转至最右边时，A2 发出右边限位信号。

A3：限位式接近开关，用于检测手底转盘向左转限位。当转盘转至最左边时，A3 发出左边限位信号。

A4：扁平式接近开关，用于检测上下移动限位。当手移动到最下方时，A4 发出下方限位信号。

A5：扁平式接近开关，用于检测上下移动限位。当手移动到最上方时，A5 发出上方限位信号。

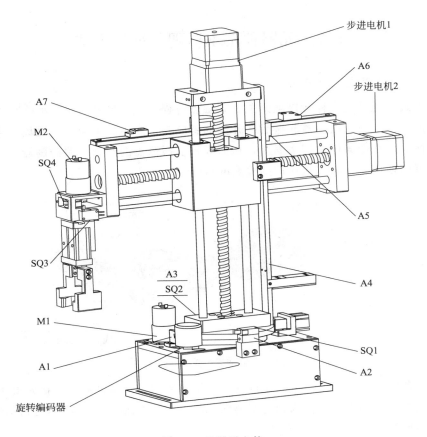

步进电机1

A6
步进电机2

A7

M2

SQ4

A5

SQ3

A3
SQ2

A4

M1

SQ1

A1

A2

旋转编码器

图 5-5　机械手主体

A6：扁平式接近开关，用于检测前后移动限位。当手移动到最后方时，A6 发出后方限位信号。

A7：扁平式接近开关，用于检测前后移动限位。当手移动到最前方时，A7 发出前方限位信号。

SQ1：触碰微动式行程开关，用于手底转盘向右旋转的硬限位。当转盘转动到超出 A2 行程限位时，触碰开关会断开电机向右转动电源，使电机停止向右转动并发出限位信号。

SQ2：触碰微动式行程开关，用于手底转盘向左旋转的硬限位。当转盘转动到超出 A3 行程限位时，触碰开关会断开电机向左转动电源，使电机停止向左转动并发出限位信号。

SQ3：触碰微动式行程开关，用于手爪向右旋转的硬限位。当手爪电机（M2）向右旋转至设定最右方时，触碰开关会断开向右转动电源，使电机停止并发出信号。

SQ4：触碰微动式行程开关，用于手爪向左旋转的硬限位。当手爪电机（M2）向左旋转至设定最左方时，触碰开关会断开向左转动电源，使电机停止并发出信号。

5.2　元器件基本原理与使用方法

5.2.1　扁平式接近开关

扁平式接近开关也称无接触开关、无触点行程开关，如图 5-6 所示。它由振荡器和整形放大器组成。振荡器起振后在开关的感应头上产生一个交变的磁场，当金属接近感应区时，在金属体内产生涡流，从而吸收了振荡器的能量，使振荡器停振，由整形放大器转换成电信号，从而达到检测的目的。

图 5-6　扁平式接近开关实物图

在实训装置中用到的扁平式接近开关，呈扁平状，尾端两孔用来固定开关。开关头部为感应区，感应区能检测到的距离约 5mm，当检测到有金属物体时指示灯亮起。

开关性能

① 检测距离：1～5mm。

② 工作电压：DC24V。

③ 工作电流：<5mA。

④ 响应频率：5000Hz。

⑤ 输出驱动电流：100mA，感性负载 50mA。

⑥ 温度范围：−10～70℃。

接线说明

① 该传感器为 DC24V 供电，不要在其他超压或欠压电源中使用。

② 该传感器为二线制接近开关，在使用时必须是一端接在触发电源，另一端接在可编程控制器的输入端口。例如，当 PLC 输入 COM 端接"24V−"时，电感式接近开关的"24V＋"线接在电源的 24V＋极，另一端则接到可编程控制器输入端。当检测有信号发生时，开关接通。

③ 传感器两端绝对不能同时直接接在电源的"＋"、"−"极上，这样当开关有信号发生时会产生短路，烧毁传感器或电源。

5.2.2　限位式接近开关

限位式接近开关也称无接触开关、无触点行程开关，如图 5-7 所示。它由振荡器和整形放大器组成，振荡器起振后在开关的感应头上产生一个交变的磁场，当金属接近感应区时，在金属体内产生涡流，从而吸收了振荡器的能量，使振荡器停振，由整形放大器转换成电信号，从而达到检测的目的。

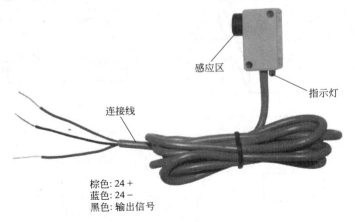

感应区

指示灯

连接线

棕色：24 +
蓝色：24 −
黑色：输出信号

图 5-7　限位式接近开关实物图

在实训装置中用到的限位式接近开关呈扁平状，突出部分为感应区，探测头能检测到的距离约 0～5mm。当检测到有物体时指示灯亮起，黑色信号线发生信号变化。

开关性能

① 检测距离：1～5mm。

② 工作电压：DC24V。

③ 工作电流：<5mA。

④ 响应频率：5000Hz。

⑤ 输出驱动电流：100mA，感性负载 50mA。

⑥ 温度范围：−10～70℃。

接线说明

① 该传感器为 DC24V 供电，不要在其他超压或欠压电源中使用。

② 传感器为三线制接近开关，使用时必须正确连接传感器正、负极连接线，黑色信号线接入可编程控制器输入端口。

③ 传感器黑色信号线不能直接接在电源的"＋"、"－"极上，这样当开关有信号发生时会产生短路，烧毁传感器或电源。

5.2.3　霍尔传感器

金属或半导体薄片置于磁感应强度为 B 的磁场中，磁场方向垂直于薄片，当薄片电流流过薄片时，在垂直于电流和磁场的方向上将产生电动势，这种现象称为霍尔效应，两端具有的电位差值称为霍尔电势 U，其表达式为 $U=KIB/d$。其中，K 为霍尔系数，I 为薄片中通过的电流，B 为外加磁场（洛伦兹力）的磁感应强度，d 是薄片的厚度。由此可见，霍尔效应的灵敏度高低与外加磁场的磁感应强度成正比的关系。通常销售的霍尔开关就属于这种有源磁电转换器件，它是在霍尔效应原理的基础上，利用集成封装和组装工艺制作而成，它可方便地把磁输入信号转换成实际应用中的电信号，同时又具备工业场合实际应用易操作和可靠性的要求。霍尔元件如图 5-8

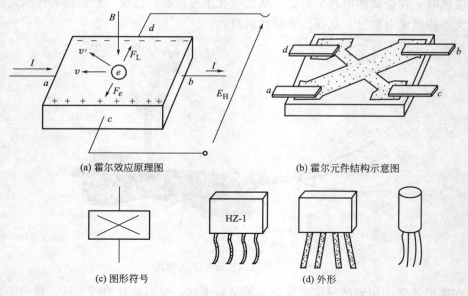

(a) 霍尔效应原理图　　　　　　　　　(b) 霍尔元件结构示意图

(c) 图形符号　　　　　　　　　　(d) 外形

图 5-8　霍尔元件

所示。

霍尔开关的输入端是以磁感应强度 B 来表征的。当 B 值达到一定的程度（如 B_1）时，霍尔开关内部的触发器翻转，霍尔开关的输出电平状态也随之翻转。输出端一般采用晶体管输出，和接近开关类似，有 NPN、PNP、常开型、常闭型、锁存型（双极性）、双信号输出之分。

霍尔开关具有无触电、低功耗、长使用寿命、响应频率高等特点，内部采用环氧树脂封灌成一体化，所以能在各类恶劣环境下可靠地工作。霍尔开关的功能类似干簧管磁控开关，但是比它寿命长、响应快，无磨损，而且安装时要注意磁铁的极性，磁铁极性装反则无法工作。霍尔开关可应用于接近开关、压力开关、里程表等，作为一种新型的电气配件。

图 5-9 所示为霍尔式接近开关实物图。这是最常用的霍尔开关，它的直径为 12mm，固定时只要在设备外壳上打一个 12mm 的圆孔就能轻松固定，长度约 30mm。

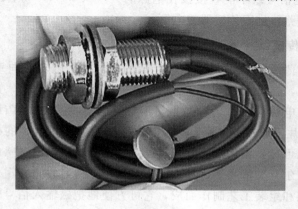

图 5-9　霍尔式接近开关实物图

背后有工作指示灯，当检测到物体时红色 LED 点亮，平时处于熄灭状态，非常直观。引线长度为 100mm。

如图 5-10 所示，这种接近开关的输出采用 NPN 型三极管集电极开漏输出模式，也就是说模块的黑线就是三极管的集电极，如果模块检测到信号，三极管就会导通，将黑线下拉到地电平，黑线和棕线之间就会出现电源电压，如果电源是 12V 的，那么这个电压就是 12V，如果电源是 24V，这个电压就是 24V。一般三极管的驱动能力约 100mA 左右，所以可以直接驱动继电器等小功率负载。如果希望得到的是一个电压信号，可以在黑线和棕线之间接一个 1kΩ 的电阻，这时模块没有信号时，黑线就是电源＋电压，模块检测到信号时黑线跳变成电源地（实际是 0.2V，三极管的导通压降）。

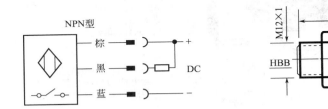

图 5-10 常见霍尔开关

工作性能

① 检测距离：1～10mm。

② 工作电压：DC20～25V。

③ 工作电流：小于 5mA。

④ 响应频率：5000Hz。

⑤ 输出驱动电流：100mA，感性负载 50mA。

⑥ 温度范围：－25～70℃。

接线说明

① 该传感器为 DC24V 供电，不要在其他超压或欠压电源中使用。

② 传感器为三线制接近开关，使用时必须正确连接传感器正、负极连接线，黑色信号线接入控制器的输入端口。

③ 传感器黑色信号线不能直接接在电源的"＋"、"－"极上，这样当开关有信号发生时会产生短路，烧毁传感器或电源。

5.2.4 触碰微动式行程开关

微动开关是一种施压促动的快速开关，又叫灵敏开关，如图 5-11 所示。其工作原理是：外机械力通过传动元件（按销、按钮、杠杆、滚轮等）将力作用于动作簧片上，并将能量积聚到临界点后，产生瞬时动作，使动作簧片末端的动触点与定触点快速接通或断开。当传动元件上的作用力移去后，动作簧片产生反向动作力，当传动元件反向行程达到簧片的动作临界点后，瞬时完成反向动作。微动开关的触点间距小，动作行程短，按动力小，通断迅速。其动触点的动作速度与传动元件动作速度无关。

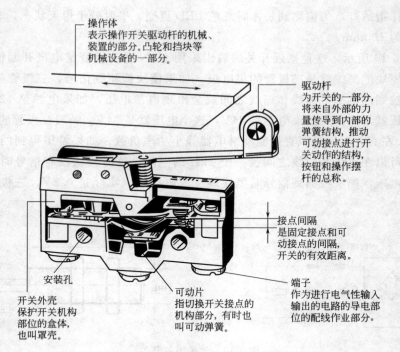

操作体
表示操作开关驱动杆的机械、
装置的部分。凸轮和挡块等
机械设备的一部分。

驱动杆
为开关的一部分,
将来自外部的力
量传导到内部的
弹簧结构,推动
可动接点进行开
关动作的结构,
按钮和操作摆
杆的总称。

接点间隔
是固定接点和可
动接点的间隔,
开关的有效距离。

安装孔

开关外壳
保护开关机构
部位的盒体,
也叫罩壳。

可动片
指切换开关接点的
机构部分,有时也
叫可动弹簧。

端子
作为进行电气性输入
输出的电路的导电部
位的配线作业部分。

图 5-11　触碰微动式行程开关

微动开关以按销式为基本型,可派生按钮短行程式、按钮大行程式、按钮特大行程
式、滚轮按钮式、簧片滚轮式、杠杆滚轮式、短动臂式、长动臂式等。微动开关在电
子设备及其他设备中用于需频繁换接电路的自动控制及安全保护等装置中。微动开关
分为大型、中型、小型,按不同的需要又可以分为防水型(放在液体环境中使用)和
普通型。开关连接两个线路,为电器、机器等提供通断电控制,广泛应用在鼠标、家
用电器、工业机械、摩托车等地方,开关虽小,但起着不可替代的作用。

接线说明

① 该传感器为 DC24V 供电,不要在其他超压或欠压电源中使用。

② 传感器为三线制接近开关,使用时必须正确连接传感器正、负极连接线,黑
色信号线接入控制器的输入端口。

③ 传感器的黑色信号线不能直接接在电源的"＋"、"－"极上,这样当开关有
信号发生时会产生短路,烧毁传感器或电源。

5.2.5　步进电机控制说明

步进电机是一种电脉冲信号转换成机械角位移的机电执行元件,如图 5-12 所示。
当有脉冲信号输入时,步进电机就一步一步地转动,每个输入脉冲对应电机的一个固
定转角,故称为步进电机。步进电机属于同步电机,多数情况用作伺服电机,且控制
简单,工作可靠,能够得到较高的精度。它是唯一能够以开环结构用于数控机床的伺
服电动机。

步进电机按其励磁相数可分为三相、四相、五相、六相等;按其工作原理可分为
反应式、永磁式和混合式三大类。

图 5-12 步进电机外形图

步进电机的基本特点如下。

① 步进电机受点脉冲信号的控制。每输入一个脉冲信号，就变换一磁绕组的通电状态，电机就相应地转动一步，因此，电机的总回转角和输入脉冲个数严格成正比关系，电机的转速则正比于脉冲的输入频率。改变步进电机定子绕组的通电顺序，可以获得所需要的转向。改变输入脉冲的频率，则可以得到所需要的转速（但是不能够超出极限频率）。

② 当步进电机脉冲输入停止时，只要维持绕组的激励电流不变，电机保持在原固定位置上，因此可以获得较高的定位精度，不需要安装机械制动装置，从而达到精确制动。

③ 误差不长期积累，转角精度高。由于每转过 360°后，转子的累积误差为零，转角精度较高，反应快。

④ 缺点是效率低，没有过载能力。

⑤ 步距角的大小和通电方式、转子齿数、定子励磁绕组的相数的关系（本实验 $\alpha=1.8°$）：

$$\alpha=360°/mZK$$

式中　　m——步进电机的相数；

$\quad\quad$ Z——转子齿数；

$\quad\quad$ K——通电方式系数，相邻两次通电，相的数目相同 $K=1$，相的数目不同 $K=2$。

步进电机的电源驱动可参考相关书籍。

5.2.6　步进电机驱动器说明（两相双极微步型 2M420）

（1）特点

供电电压最大可达 DC40V。

采用双极恒流驱动方式，最大驱动电流可达每相 2.5A，可驱动电流小于 2.5A

的任何两相双极型混合式步进电机。

对于电机的驱动输出相电流可通过 DIP 开关调整，以配合不同规格的电机。

具有 DIP 开关，可设定电机静态锁紧状态下的自动半流功能，可以大大降低电机的发热。

采用专用驱动控制芯片，具有最高可达 256 的细部功能，细部可以通过 DIP 开关设定，保证提供最好的运行平稳性能。

具有脱机功能，在必要时关闭给电机的输出电流。

控制信号的输入电路采用光耦器件隔离，以降低外部电气噪声干扰的影响。

（2）规格参数

2M420 规格参数如表 5-2 所示。

表 5-2　规格参数

技术参数	参数值	技术参数	参数值
供电电压	DC（24～40）V	使用环境要求	避免金属粉尘、油雾或腐蚀性气体
输出相电流	0.3～2.5A	使用环境温度	−10～+45℃
控制信号输入电流	6～20mA	使用环境湿度	<85%非冷藏
冷却方式	自然风冷	重量	0.4kg

（3）典型接线图

典型接线图如图 5-13 所示。

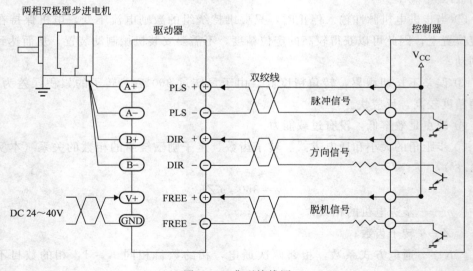

图 5-13　典型接线图

（4）DIP 开关功能说明

在驱动器的顶部有一个红色的 8 位 DIP 功能设定开关，如图 5-14 所示，可以用来设定驱动器的工作方式和工作参数，使用前务必仔细阅读参考。注意，更改拨码开关的设定之前必须先切断电源。

DIP 开关的正视图相关说明如表 5-3 所示。

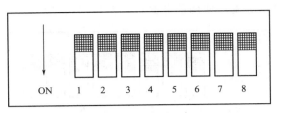

图 5-14　DIP 开关功能

表 5-3　DIP 开关的正视图

开关序号	ON 功能	OFF 功能	特别说明
DIP1～DIP4	细分设置用	细分设置用	
DIP5	静态电流半流	静态电流半流	
DIP6～DIP8	输出电流设置用	输出电流设置用	

　　细分设定表如表 5-4 所示。

表 5-4　DIP 细分设定

DIP2	DIP3	DIP4	DIP 为 ON 细分	DIP 为 OFF 细分
ON	ON	ON	N/A	2
OFF	ON	ON	4	4
ON	OFF	ON	8	5
OFF	OFF	ON	16	10
ON	ON	OFF	32	25
OFF	ON	OFF	64	50
ON	OFF	OFF	128	100
OFF	OFF	OFF	256	200

　　注：N/A 代表无效，五整步功能，禁止将拨码开关拨到 N/A 挡。

　　注意事项：按如图 5-15 所示正确拨动 DIP 开关。

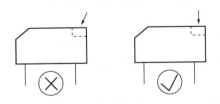

图 5-15　拨动 DIP 开关

　　注意，当控制器的控制信号的电压为 5V 时，连接线路中的电阻为 0Ω，当控制器的控制信号的电压为 24V 时，为保护控制信号的电流符合驱动器的要求，在连接线路中的电阻为 2kΩ。

　　（5）电流整流说明

　　在驱动器的顶部有一个红色的 8 位 DIP 功能设定开关，如图 5-16 所示，可以用来设定驱动器的输出相电流，使用前务必仔细阅读参考。

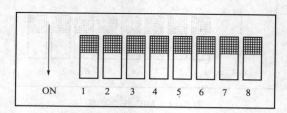

图 5-16　DIP 开关的正视图

输出相电流设定表如表 5-5 所示。

表 5-5　输出相电流设定表

DIP6	DIP7	DIP8	输出电流峰值
ON	ON	ON	0.3A
ON	OF	OFF	0.6A
ON	OFF	ON	0.8A
ON	OFF	OFF	1.2A
OFF	ON	PN	1.4A
OFF	ON	OFF	1.6A
OFF	OFF	ON	2.0A
OFF	OFF	OFF	2.5A

（6）电源供给

电源电压在 DC(24～80)V 之间都可以正常工作，驱动器可采用非稳压型直流电源供电，也可以采用变压器降压＋桥式整流＋电容滤波，电容可取大于 2200μF。但注意应使整流后电压纹波峰值不超过 80V，避免电网波动超过驱动器电压工作范围。如果使用稳压型开关电源供电，应注意开关电源的输出电流范围需设成大于 6A。

（7）驱动器与电机的匹配

驱动器可驱动国内外各厂家的两相和四相电机。为了取得最满意的驱动效果，需要选取合理的供电电压和设定电流。供电电压的高低决定电机的高速性能，而电流设定值决定电机的输出力矩。

① 供电电压的选定。一般来说，供电电压越高，电机高速时力矩越大，越能避免高速时掉步。但另一方面，电压太高可能损坏驱动器，而且在高电压下工作时，低速运动振动较大。

② 输出电流的设定值。对于同一电机，电流设定值越大时，电机输出力矩越大，但电流大时电机和驱动器的发热也比较严重。所以一般情况是把电流设成供电机长期工作时出现温热但不过热时的数值。

a. 四线电机和六线电机高速度模式：输出电流设成等于或略小于电机额定电流值。

b. 六相电机高力矩模式：输出电流设成电机额定电流的 70%。

c. 八线电机串联接法：输出电流设成电机额定电流的 70%。

d. 八线电机并联接法：输出电流可设成电机额定电流的 1.4 倍。

注意：电流设定后应运转电机 15～30min，如电机温升太高，则应降低电流设定值。如降低电流值后，电机输出力矩不够，则应改善散热条件，以保证电机及驱动器均不烫手为宜。

5.2.7 旋转编码器

通常旋转编码器用于测量转速和转角度，因具有体积小、精度高、抗干扰能力强、使用方便等一系列优点得以广泛应用于现实工业中。旋转编码器大致可分为增量式和绝对值式编码器。

旋转增量式编码器以转动时输出脉冲，通过计数设备来知道其位置，当编码器不动或停电时，依靠计数设备的内部记忆来记住位置。这样，当停电后，编码器不能有任何的移动，当来电工作时，编码器输出脉冲过程中也不能有干扰而丢失脉冲，否则，计数设备记忆的零点就会偏移，而且这种偏移的量是无从知道的，只有错误的生成结果出现后才能知道。

解决的方法是增加参考点，编码器每经过参考点，将参考位置修正进计数设备的记忆位置。在参考点以前，是不能保证位置的准确性的。为此，在工控中就有每次操作先找参考点、开机找零等方法。这样的方法对有些工控项目比较麻烦，于是就有了绝对编码器的出现。

绝对编码器的光码盘上有许多道刻线，每道刻线依次以 2 线、4 线、8 线、16 线……编排，这样，在编码器的每一个位置，通过读取每道刻线的通、断，获得一组从 2^0 到 2^{n-1} 的唯一的二进制编码（格雷码），这就称为 n 位绝对编码器。这样的编码器是由码盘的机械位置决定的，它不受停电、干扰的影响。绝对编码器由机械位置决定每个位置的唯一性，它无需记忆，无需找参考点，而且不用一直计数，什么时候需要知道位置，什么时候就去读取它的位置。这样，编码器的抗干扰特性、数据的可靠性就大大提高了。

由于绝对编码器在位置定位方面明显地优于增量式编码器，已经越来越多地应用于工控定位中。测速度需要可以无限累加测量，目前增量型编码器在测速应用方面仍处于无可取代的主流位置。

注意：JL-807S 机械手中选用的是增量型旋转编码器，在此当中需利用编码器的脉冲数来定位旋转角度和开机后自动寻找零位等一系列动作。在 JL-807S 系统中，PLC 只接入了编码器［A］项信号，在编程中需要注意只能使用脉冲量来进行一系列定位，配合旁边的霍尔开关可以作为一个零点。

5.2.8 气源处理元件及其他附件

气源处理组件是气动控制系统中的基本组成器件，它的作用是除去压缩空气中所含的杂质及凝结水，调节并保持恒定的工作压力。该气源处理组件的气路入口处安装一个快速气路开关，用于关闭气源。在使用时，应注意经常检查过滤器中凝结水的水位，在超过最高标线以前必须排放，以免被重新吸入。

电磁阀组用于控制机械手中气动执行元件气流状况，其组成及原理见图 5-17。

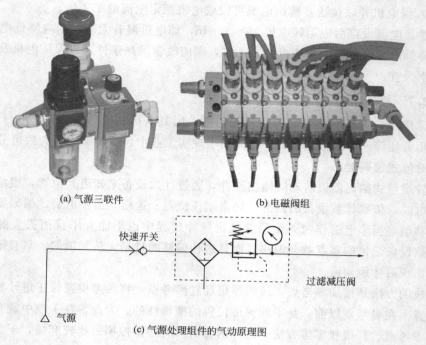

(a) 气源三联件　　　　　　(b) 电磁阀组

(c) 气源处理组件的气动原理图

图 5-17　电磁阀组

　　气源处理组件输入气源来自空气压缩机,所提供的压力为 0.6～1.0MPa,输出压力为 0.6～0.8MPa 可调。输出的压缩空气通过快速三通接头和气管输送到各工作单元,提供它们的工作气源。

　　处理组件技术参数如表 5-6 所示。

表 5-6　处理组件技术参数

型号		GFC200-06
工作介质		空气
接管口径		PT1/8
滤芯精度		标准:40μm　　可选:5μm
适用压力范围	标准型	0.15～0.9MPa(20～130psi)
	低压型	0.15～0.4MPa(20～58psi)
最大可调压力	标准型	1.0MPa(145psi)
	低压型	0.5MPa(72psi)
保证耐压力		1.5MPa(215psi)
适用温度范围		5～60℃
滤水杯容量		10mL
给油杯容量		25mL
建议润滑用油		ISO VG 32 或同级用油
重量		425g
构成元件	过滤器	
	调压阀	GFR200-06
	给油器	GL200-06

机械阀规格如表 5-7 所示。

表 5-7　机械阀规格

规格	S3B
动作形式	外部控制
使用流体	空气(经 $40\mu m$ 滤网过滤)
接管口径	M5 型:M5;06 型:PT1/8;08 型:PT1/4
使用压力	0~0.8MPa(0~8.0bar)(0~114psi)
工作温度	−5~60℃
润滑	不需要(适当润滑可提高使用寿命,建议润滑油 ISO VG 32)

电磁阀所带手控开关有锁定(LOCK)和开启(PUSH)两种位置。在进行设备调试时,使手控开关处于开启位置,可以使用手控开关对阀进行控制,从而实现对相应气路的控制,以改变冲压缸等执行机构的控制,达到调试的目的。

单向电控阀用来控制气缸单个方向运动,实现气缸的伸出、缩回运动,如图 5-18 所示。与双向电控阀的区别在于双向电控阀初始位置是任意的,可以随意控制两个位置,而单控阀初始位置是固定的,只能控制一个方向。

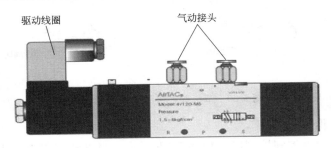

驱动线圈　　气动接头

图 5-18　单控电磁阀

双电控电磁阀与单电控电磁阀的区别在于:对于单电控电磁阀,在无电控信号时,阀芯在弹簧力的作用下会被复位,而对于双电控电磁阀,在两端都无电控信号时,阀芯的位置取决于前一个电控信号。

(1)节流阀

在气压传动系统中,有时需要控制气缸的运动速度,有时需要控制换向阀的切换时间和气动信号的传递速度,这些都需要调节空气的流量来实现。流量控制阀是通过改变阀的通流截面积来实现流量控制的元件。流量控制阀包括节流阀、单向节流阀、排气节流阀和快速排气阀等。

为了使气缸的动作平稳可靠,气缸的作用气口都安装了限出型气缸节流阀。气缸节流阀的作用是调节气缸的动作速度。节流阀上带有气管的快速接头,只要将合适外径的气管往快速接头上一插就可以将管连接好了,使用时十分方便。图 5-19 是安装了带快速接头的限出型气缸节流阀的气缸外观。

图 5-20 是一个双动气缸装有两个限出型气缸节流阀的连接和调节原理示意图,当调节节流阀 A 时,是调整气缸的伸出速度,而当调节节流阀 B 时,是调整气缸的缩回速度。

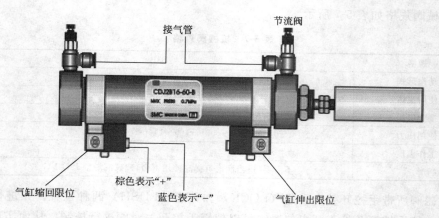

图 5-19　安装上节流阀的气缸

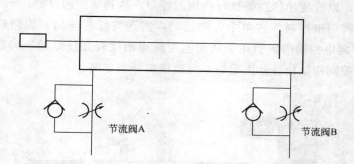

图 5-20　节流阀连接和调整原理示意

（2）气动手爪

当手爪由单向电控阀控制时，如图 5-21 所示：当电控阀得电，手爪夹紧；当电控阀断电后，手爪张开。当手爪由双向电控阀控制时，手爪抓紧和松开分别由一个线圈控制，在控制过程中不允许两个线圈同时得电。

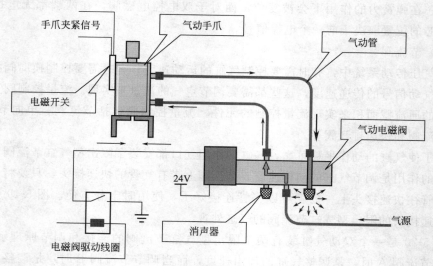

图 5-21　气动手爪运动过程

（3）连接导线

连接导线用于控制器与外部的输入、输出元件信号以及电源连接。将前插孔插入面板对应的插座中时导通，如图 5-22 所示。

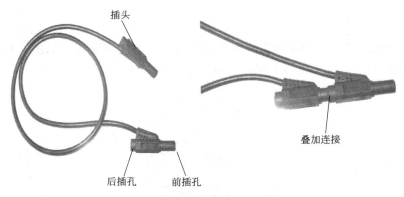

插头

叠加连接

后插孔　　前插孔

图 5-22　连接导线

第6章 实操篇

JL-807S 机械手是一个综合多种专业技术为一体的实训装置，如图 6-1 所示，应对装置中涉及的技术有充分的了解，切勿盲目操作。

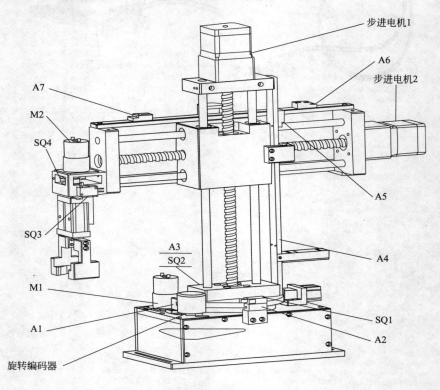

图 6-1　机械手实训装置

实训前需先充分看懂机械手整体结构与控制分布（如：按钮操作面板使用、PLC控制接口使用、元件端口使用、机械手整体结构与电器控制电路图……）。使用前需充分掌握 SIEMENS S7-200 224CNPLC 的使用硬件接线方法与软件编程应用，以及机械手中涉及的各种元件应用与接线方法。在充分了解各个部件后，在教师的指引下方可进行实验。

实验注意事项

① 实验时任何时候不允许用手或各种导电体触碰电气安装板的交流电线 L/N 接线点，以免造成人身伤害事故。

② 在连接端口时，应关闭 PLC 开关或电源开关，以防误接操作引起的事故。

③ 充分阅读各操作面板中的接线注意事项，避免在硬件接线时造成短路等一些损坏元器件的操作。

④ 一旦出现误操作立即关闭装置电源，排除故障后重新供电。

⑤ 控制时注意连接导线不要拉拽到其他的部件。

⑥ 不要将外部任何电源接入控制接口面板中。

⑦ 不要随意拆卸机械手结构中的机械零件与电路接线。

项目1 直流电机控制正反转

项目目的

充分了解 PLC 的应用，熟悉控制电机正反转内容要点，掌握控制电机正反转与安全限位技术。

项目器材

① JL-807S 机械手实训装置　　　　1 台

② 连接导线　　　　　　　　　　多根

③ 万用表　　　　　　　　　　　1 只

项目内容

利用 PLC 输出点，经过编写程序控制电机（M1）正反转，并利用限位开关 SQ1、SQ2 对正反转两端限位，可用行程检测 A2、A3 提前停止转动。

要求　编写程序与硬件接线，设定一个启动按钮和一个停止按钮。当按下启动按钮后，电机带动手向右旋转，在向右过程中 A2 信号有跳变，停止向右转动，开始向左旋转。向左旋转时 A3 信号有跳变，停止向左转动，再次向右旋转，来回循环直至按下停止按钮，电机停止一切运转。

主手架电机 M1 接线图如图 6-2 所示。

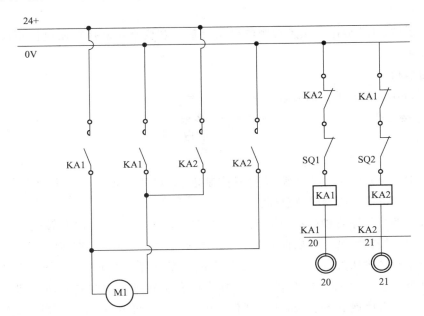

图 6-2　主手架电机 M1 接线图

项目步骤

① 了解实验台整体结构与执行/驱动分布。

② 对照机械手整体图找到元件 SQ1、SQ2、A2、A3、M1 在机械手中的各自位置及在整个过程中各发挥着何种作用。

③ 看懂电机 M1 控制电路图和 A2、A3 信号端接口（对照电路图/或在实验台中寻找标号）。

④ 定义需编写程序输入/出的 I/O 分配表。

⑤ 编写控制程序并下载入 PLC。

⑥ 按照所编写程序将 PLC I/O 端与元件接口用连接导线相连接。

⑦ 核对接线正确后，打开 PLC 电源，并将 PLC 设为 RNU 状态进行调试。

控制器 I/O 分配表

控制器 I/O 分配表如表 6-1 所示。

表 6-1 控制器 I/O 分配表

注 释	输入点 I	注 释	输出点 Q
启动按钮	I0.0	M1 电机正转	Q0.0
停止按钮	I0.1	M1 电机反转	Q0.1
SQ2	I0.2		
SQ1	I0.3		
A3	I0.4		
A2	I0.5		

项目 2　气动手爪来回旋转

项目目的

充分了解 PLC 应用，熟悉控制电机正反转内容要点，掌握控制电机正反转与安全限位技术。

项目器材

① JL-807S 机械手实训装置　　　　1 台

② 连接导线　　　　　　　　　　多根

③ 万用表　　　　　　　　　　　1 只

项目内容

利用 PLC 输出点，经过编写程序控制电机（M2）正反转，并利用限位开关 SQ3、SQ4 对正反转两端限位急停。

要求　编写程序与硬件接线，设定一个向左转按钮和一个向右转按钮。在程序中，按下向右按钮手爪，开始向右旋转，直到碰触 SQ3 停止向右转动。在向右旋转过程中向左旋转按钮失效。当手爪转至最右边并停止后，按向左转按钮手爪开始向左旋转，直至碰触 SQ4 停止向左转动，同样在向左旋转过程中向右旋转按钮失效。在手爪停止且没有碰触到 SQ3/SQ4 中任何一个开关时，可按右/左按钮启动旋转。

手爪电机 M2 控制接线图如图 6-3 所示。

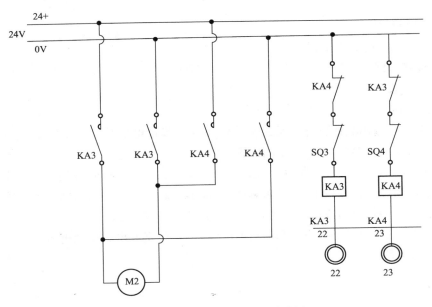

图 6-3　手爪电机 M2 控制接线图

项目步骤

① 了解实验台整体结构与执行/驱动分布。

② 对照机械手整体图找到元件 SQ3、SQ4、M2 在机械手中的各自位置并清楚其在整个过程中各发挥着何种作用。

③ 看懂电机 M2 控制电路图 SQ3、SQ4 信号端接口（对照电路图/或在实验台中寻找标号）。

④ 定义需编写程序输入/出的 I/O 分配表。

⑤ 编写控制程序并下载入 PLC。

⑥ 按照所编写程序，将 PLCI/O 端与元件接口用连接导线相连接。

⑦ 核对接线正确后，打开 PLC 电源，并将 PLC 设为 RNU 状态，进行调试。

控制器 I/O 分配表

控制器 I/O 分配表如表 6-2 所示。

表 6-2　控制器 I/O 分配表

注　释	输入点 I	注　释	输出点 Q
SQ4	I1.0	M2 电机正转	Q0.3
SQ3	I1.1	M2 电机反转	Q0.4

项目 3　步进电机控制应用

项目目的

充分了解 PLC 脉冲输出应用，熟悉应用 PLC 输出高速脉冲控制步进电机速度、方向及旋转量。

项目器材

① JL-807S 机械手实训装置   1 台

② 连接导线   多根

③ 万用表   1 只

项目内容

利用 PLC 输出高速脉冲，经过编写程序控制步进电机 2 驱动手臂前后升缩，并利用限位检测开关 A6、A7 对两端限停止。

要求　编写程序与硬件接线，设定一个启动按钮和一个停止按钮。在程序中初次上电按下启动按钮，电机 PLC 输出频率 3000Hz、数量 20000 脉的脉冲串，脉冲控制步进电机驱动手臂向前或向后移动，按下停止按钮后停止输出脉冲。

步进电机控制时读懂步机驱动器使用与说明，设定好电机驱动电流、细分数等参数，如图 6-4 所示。

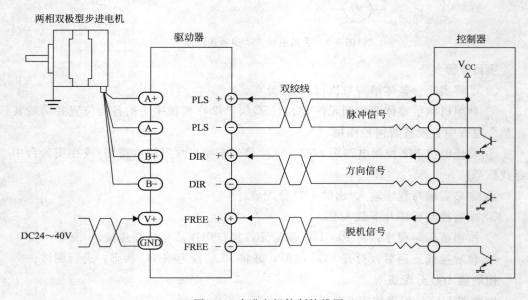

图 6-4　步进电机控制接线图

注意事项

① 在实验过程中可能出现程序错误，导致手臂伸出或缩回到极限位置后，电机仍然没有停止。这时需要马上关闭系统电源，并经手旋动丝杆将手臂复位到限位开关范围之内，调整程序，重新开机。

② 实验时，如果不确定程序是否正确，先不要将 PLC 输出口连接线与执行器连接，可以通过观察电气安装板中 PLC 输出灯 Q0.0 与 Q0.2 输出状况，看是否与程序设置相吻合，基本吻合后再连接执行器进行调试程序。

控制器 I/O 分配表

控制器 I/O 分配表如表 6-3 所示。

表 6-3　控制器 I/O 分配表

注　释	输入点 I	注　释	输出点 Q
启动按钮	I0.0	脉冲输出	Q0.0
停止按钮	I0.1	电机方向	Q0.2
A6	I0.2		
A7	I0.3		

项目 4　旋转编码器角度控制应用

项目目的

充分了解 PLC 高速计数器应用，熟悉应用高分辨率光栅检测反馈仪器对位移量的控制应用。

注　释	输入点 I	注　释	输出点 Q
编码器信号 A	I0.0	M1 正转	Q0.2
启动按钮	I0.1	M1 反转	Q0.3
复位按钮	I0.2		

项目器材

① JL-807S 机械手实训装置　　　　1 台
② 连接导线　　　　　　　　　　　多根
③ 万用表　　　　　　　　　　　　1 只

项目内容

利用增量型旋转编码器对机械手左/右旋转角度进行反馈，通过驱动电机（M1）带动手底座在 A2～A3 区间旋转，对每一次旋转的角度进行控制。

要求　编写程序与硬件接线，设定一个启动按钮和一个复位按钮。在程序中初次上电按下复位按钮，PLC 输出驱动底座向 A2 方向旋转至 A1 有信号停止，并认定 A1 开关为旋转手零点信号，在零点位置上按下启动按钮，手底座旋转 90°后停止，再按复位按钮底座重新回到零位（角度由编码器反馈，JL-807S 中采用的是 1024P/r，即每旋转 360°发出 1024 个脉冲）。

项目关联

① 充分了解编码器应用说明（查看 5.2.7 旋转编码器）。
② 充分了解应用 PLC 内部高数计数器应用指令使用方法（查看 PLC 编程手册）。
③ 完成项目 1 后再进行本项目。

控制器 I/O 分配表

A1	I0.3		
A2	I0.4		
A3	I0.5		

项目5 机械手上电回零操作

项目目的

初步了解 PLC 控制器在工业现场中初次上电复位，使控制器与执行部件进入就绪状态。

项目器材

① JL-807S 机械手实训装置　　　　1 台
② 连接导线　　　　　　　　　　　多根
③ 万用表　　　　　　　　　　　　1 只

项目内容

对机械手各个轴进行每次上电自动复位控制程序编写与硬件接线。

要求　设定一个 PLC 自动运行按钮和一个急停按钮。在每次上电后，将 PLC 开关置为 RUN，机械手的上下轴先开始向上移到 A5 位置，停止向上并开始令手底座向左转动到 A1 位停止，同时机械手伸缩轴向 A6 方向移动至 A6 位停止，然后手爪转动到 SQ3 位置，完成动作。

项目关联

需认真做过项目 1～项目 4，充分了解 JL-807S 机械手各部件性能后再进行该项目。

控制器 I/O 分配表

注　释	输入点 I	注　释	输出点 Q
编码器脉冲 A	I0.0	步进电机二脉冲	Q0.0
A1	I0.1	步进电机一脉冲	Q0.1
A3	I0.2	步进电机二方向	Q0.2
A2	I0.3	步进电机一方向	Q0.3
SQ2	I0.4	中间继电器 KA1	Q0.4
SQ1	I0.5	中间继电器 KA2	Q0.5
A4	I0.6	中间继电器 KA3	Q0.6
A5	I0.7	中间继电器 KA4	Q0.7
A6	I1.0		
A7	I1.1		
SQ3	I1.2		
SQ4	I1.3		
启动按钮	I1.4		
停止按钮	I1.5		

项目6 机械手抓/放料控制操作

项目目的

了解用 PLC 控制 JL-807S 机械手前往抓料及旋转放料的软件编程与硬件接线，

充分了解工业现场控制流程。

项目器材

① JL-807S 机械手实训装置　　　　1 台

② 连接导线　　　　　　　　　　多根

③ 万用表　　　　　　　　　　　1 只

项目内容

利用 JL-807S 机械手的多轴联动功能，精确地定位到物料台抓取料块，并将物料取出及搬运到指定地点。

要求　设定在机械手 PLC 上电进入 RUN 状态后，旋转底座转动到 A1 位置，上下轴移动到 A5 位置，伸缩轴移动到 A6 位置，手爪转入到 SQ3 位置，气动手爪处于放开状态（即各轴复位至零点）。设定放料台中开关为物料检测开关，当检测到有物料放入物料台后，机械手臂伸出、下降到物料台位置夹取物料后，升起向右旋转指定角度后，机械手臂伸出、下降放开物料即完成动作。

项目关联

需认真做过项目 1～项目 5，充分了解 JL-807S 机械手各部件性能后再进行该实验。

控制器 I/O 分配表

注　释	输入点 I	注　释	输出点 Q
编码器脉冲 A	I0.0	步进电机二脉冲	Q0.0
A1	I0.1	步进电机一脉冲	Q0.1
A3	I0.2	步进电机二方向	Q0.2
A2	I0.3	步进电机一方向	Q0.3
SQ2	I0.4	中间继电器 KA1	Q0.4
SQ1	I0.5	中间继电器 KA2	Q0.5
A4	I0.6	电磁阀 F2	Q0.6
A5	I0.7	中间继电器 KA3	Q0.7
A6	I1.0	中间继电器 KA4	Q1.0
A7	I1.1	电磁阀 F1	Q1.1
SQ3	I1.2		
SQ4	I1.3		
启动按钮	I1.4		
停止按钮	I1.5		

参 考 文 献

[1] 王建明.自动线与工业机械手技术.天津：天津大学，2009.

[2] 丁加军，盛靖琪.自动机与自动线［M］.北京：机械工业出版社，2011.

[3] 成大先.机械设计手册［M］，第五版.北京：化学工业出版社，2011.

[4] 张玫.机器人技术［M］.北京：机械工业出版社，2011.

[5] 刘昌祺.自动机械凸轮机构实用设计手册［M］.北京：科学出版社，2013.

[6] 程晨.自律型机器人制作入门［M］.北京：北京航空航天大学出版社，2013.

[7] 郭洪红.工业机器人技术［M］.北京：机械工业出版社，2012.

[8] 肖南峰等.工业机器人［M］.北京：机械工业出版社，2011.